福建省高等学校计算机规划教材

大学信息技术实验指导

（Windows 7+Office 2010）

福建省高等学校计算机教材编写委员会　组织编写

【第二版】

主　编：鄂大伟　陈　琼

副主编：范慧琳　贾红伟　傅　为　崔建峰

U0216291

厦门大学出版社
XIAMEN UNIVERSITY PRESS

国家一级出版社
全国百佳图书出版单位

图书在版编目(CIP)数据

大学信息技术实验指导(Windows 7＋Office 2010)/鄂大伟,陈琼主编.—2 版.—厦门：
厦门大学出版社,2019.8(2023.7 重印)
(福建省高等学校计算机等级考试规划教材)
ISBN 978-7-5615-7512-3

Ⅰ.①大…　Ⅱ.①鄂…　②陈…　Ⅲ.①Windows 操作系统—高等学校—水平考
试—教材 ②办公自动化—应用软件—高等学校—水平考试—教材　Ⅳ.①TP316.7
②TP317.1

中国版本图书馆 CIP 数据核字(2019)第 161372 号

出 版 人	郑文礼
策划编辑	宋文艳
责任编辑	陈进才
封面设计	李夏凌
技术编辑	许克华

出版发行	厦门大学出版社
社　　址	厦门市软件园二期望海路 39 号
邮政编码	361008
总　　机	0592-2181111　0592-2181406(传真)
营销中心	0592-2184458　0592-2181365
网　　址	http://www.xmupress.com
邮　　箱	xmup@xmupress.com
印　　刷	厦门市金凯龙包装科技有限公司

开本	787 mm×1 092 mm　1/16
印张	14.75
字数	406 千字
印数	42 001～52 000 册
版次	2016 年 7 月第 1 版　2019 年 8 月第 2 版
印次	2023 年 7 月第 4 次印刷
定价	27.00 元

厦门大学出版社
微信二维码

厦门大学出版社
微博二维码

前　言

党的二十大报告指出，教育、科技、人才是全面建设社会主义现代化国家的基础性、战略性支撑。随着信息科学、信息技术与计算机技术的迅速发展，大学计算机基础教育已经进入一个新的发展阶段，但同时面临着许多新的挑战。计算机基础教学作为本科教育教学的重要组成部分，课程的内涵和目标需要充分体现时代的特征和需求，不断与时俱进。不仅要培养大学生的信息素养与技能、展现科学的思维方式，而且要注重计算机实践操作能力的培养。

作为《大学信息技术基础——以 Python 为舟》(第五版)教材的配套实验指导书，本实验指导结合当前信息技术的发展，对实验操作内容做了较大的修改，最主要的变化是从原来的 Windows XP＋Office 2003 的实验操作环境升级为 Windows 7＋Office 2010，以适应当前软件版本的发展与教学的需求。

本书按照福建省高等院校计算机等级考试中心公布的《大学信息技术(一级)考试大纲》的基本要求编写，在内容的组织上，实验指导采用以项目引领和任务驱动的学习方式，突出实际操作能力的培养。全书涵盖 8 个实验项目，分别介绍了 Windows 7 操作系统、Office 2010 基本应用(包括 Word，Excel，PowerPoint)、Internet 基本应用等内容。考虑到目前有相当一部分同学在中学就已经掌握了计算机的基本操作，所以实验指导提供了 Windows 7、Word 和 Excel 的高级应用操作。这部分内容不作为考试基本要求，只是为具有一定应用基础的学生提高操作能力，以满足不同层次学生的学习需要。

本书还提供了 4 套大学信息技术基础模拟试卷及 3 个附录：4 套水平考试模拟试题，为本课程的教学与学习提供参考；附录 1 是主教材中各章计算题的参考解答；附录 2 是福建省高等学校学生计算机应用水平等级考试一级(大学信息技术)考试大纲，为各学校教学提供参考；附录 3 "预备知识——认识键盘与鼠标"，是为从来没有接触过计算机的同学而准备的内容。

参加本书编写的有集美大学鄂大伟教授、福州大学俞建家教授、福建农林大学陈琼副教授、华侨大学范慧琳副教授和集美大学贾红伟副教授。

在本书的策划与编写过程中，得到了福建省教育厅高教处、省教育考试院社考处和福建省高等院校计算机等级考试中心的大力支持，厦门大学出版社为本教材顺利出版付出了辛勤努力，在此一并深致谢忱。

编　者
2023 年 7 月

大学信息技术基础 MOOC 资源
（中国大学 MOOC）

Office 高级应用 MOOC 资源
（中国大学 MOOC）

目　录

实验项目 1　Windows 7 基本操作

　　Windows 7 是由微软公司(Microsoft)开发的操作系统,可供家庭及商业工作环境、笔记本电脑、平板电脑、多媒体中心等使用。

　　本实验项目主要介绍 Windows 7 的基本应用与操作,内容包括 Windows 7 功能介绍、Windows 7 入门与帮助、桌面的组成、窗口的组成与操作、文件管理(库的使用)和中文输入。这些是使用 Windows 7 的基本知识与技能,要求同学们较为熟练地了解与掌握。

1.1　Windows 7 简介

1.1.1　Windows 7 的新功能

　　较 Windows 以前版本(例如 Windows XP,Windows Vista)相比,Windows 7 有了较大变革,新增了许多特色功能,包括用户易用性的设计、针对用户的个性化服务、娱乐视听、系统安全与保护、其他应用服务等。Windows 7 还提供了能在任何位置有效地访问用户的数据和工作的功能,包括更容易连接到无线网络、轻松创建家庭组、通过触摸屏与电脑交互等。

　　Windows 7 相比之前系统的新功能和优点表现在以下几方面。

1. 易用

　　Windows 7 的开发始终将性能放在首要的位置。Windows 7 简化了许多设计,如快速最大化、窗口半屏显示、跳转列表(Jump List)、系统故障快速修复、系统启动时间等,使 Windows 7 成为一款反应更快速、方便易用的新一代操作系统。

2. 高效的搜索

　　Windows 7 中,系统集成的搜索功能非常强大,只要用户打开开始菜单并输入搜索内容,无论要查找应用程序还是文本文档,搜索功能都能自动运行,给用户操作带来极大的便利。Windows 7 系统的搜索是动态的,从用户在搜索框中输入第一个字起,搜索就已经开始工作,大大提高了搜索效率。

3. 跳转列表

　　Windows 7 系统推出的新特色功能首推跳转列表,跳转列表能显示最近使用的项目列表,帮助用户快速地访问历史记录。跳转列表功能主要体现在开始菜单、任务栏和 IE 浏览器上,其中开始菜单、任务栏中的跳转列表主要显示最近使用的程序,如最近打开的文件、文档等,IE 浏览器中的跳转列表主要显示经常访问的网站。

4. 强大的多媒体功能

Windows 7 中，远程媒体流控制功能支持从家庭以外的 Windows 7 个人电脑安全地从远程互联网访问家里 Windows 7 电脑中的数字媒体中心，随心欣赏保存在家庭电脑中的任何数字娱乐内容。Windows 7 的综合娱乐平台和媒体库（Windows Media Center）不但可以让用户轻松管理电脑硬盘上的音乐、图片和视频，而且是一款可定制化的个人电视，只要将电脑与网络连接或是插上一块电视卡，就可以随时随处享受媒体库上丰富多彩的互联网视频内容或者高清地面数字电视节目。媒体库还可以实现电脑与电视连接，给电视屏幕带来全新的使用体验。

5. 系统安全与保护

Windows 7 的安全性包括了在系统级可以阻止对进程列表等核心信息的恶意修改，改进了用户账号的管理方式，将用户从管理员权限级别移开。Windows 7 内可以同时存储多个防火墙配置，随着用户位置的变换，自动切换到不同的防火墙配置里，有效地防止病毒和木马对系统的破坏。Windows Update 可以例行检查适用于用户计算机的更新并自动安装这些更新。防病毒软件可保护用户的计算机免受病毒、蠕虫和其他安全威胁的伤害。Windows Defender 的反间谍软件程序可保护用户的计算机免受间谍软件和其他可能不需要的软件的侵扰。

系统保护是定期创建和保存计算机系统文件和设置的相关信息的功能。系统保护也保存已修改文件的以前版本，它将这些文件保存在还原点中，在发生重大系统事件（如安装程序或设备驱动程序）之前创建这些还原点。

6. Windows Live 服务

Windows Live 是一种 Web 服务平台，由微软的服务器通过互联网向用户的电脑等终端提供各种应用服务。Windows Live 可帮助用户同步所有的通信和共享方式，提供内容包括个人网站设置、电子邮件、VoIP、即时消息、检索、图片共享等与互联网有关的多种应用服务。

7. 网络功能

Windows 7 中，有一个名为"家庭组"的新功能，可简化局域网中的共享操作，给用户共享视频、文档、音乐等资源带来极大的便利。Windows 7 进一步增强了移动设备工作的能力，用户可以随时随地轻松地使用便携式电脑查看和连接网络，无线上网的设置变得更加简单直接。

8. 支持触控功能

Windows 7 旗舰版支持多种不同的触摸设备，如最传统的触摸屏显示器，以及外置的手写板，甚至有些笔记本电脑上充当鼠标的触控板也可以当成触摸屏使用。另外，如果设备支持，用户还可以同时使用多根手指执行操作，这也是现在非常热门的多点触摸功能。

若要全面了解 Windows 7 的新增功能，可以从 Windows 7"控制面板"的"入门"选项中，单击"联机查找 Windows 7 的新增功能"链接，获取更多的信息，如图 1-1 所示。

图 1-1　联机查找 Windows 7 的新增功能

1.1.2　Windows 7 版本差异比较

Windows 7 包括 6 个版本,分别是 Windows 7 Starter(初级版)、Windows 7 Home Basic (家庭普通版)、Windows 7 Home Premium(家庭高级版)、Windows 7 Professional(专业版)、Windows 7 Enterprise(企业版)和 Windows 7 Ultimate(旗舰版)。表 1-1 列出了主要版本的性能差异比较,可以帮助用户更好地了解和选择适合自己的版本。

表 1-1　Windows 7 主要版本性能差异比较

功　能	Windows 7 家庭普通版	Windows 7 家庭高级版	Windows 7 专业版	Windows 7 企业版
改进桌面导航功能 简化日常操作	✔	✔	✔	✔
跳转列表 方便地启动程序和查找最常用的文档	✔	✔	✔	✔
操作中心 集中查看、诊断和解决各类 PC 问题	✔	✔	✔	✔
桌面透视(Aero Peek)、半透明玻璃窗口,更舒适的用户体验		✔	✔	✔
创建家庭组 小型机构内部协作,共享文件和打印机		✔	✔	✔

续表

功　能	Windows 7 家庭普通版	Windows 7 家庭高级版	Windows 7 专业版	Windows 7 企业版
Windows XP 模式 在 Windows 7 中运行 XP 的老旧应用程序			✔	✔
域加入 更方便安全地连接到公司网络			✔	✔
高级备份 使用网络自动备份，轻松恢复数据			✔	✔
Bitlocker 防止电脑和便携设备上的数据丢失				✔
多语言用户界面（MUI） 使用选择语言或在 35 种语言之间切换				✔

　　查明自己计算机上运行的 Windows 7 版本能帮助用户确定可以使用的功能。在任意一个文件夹窗口中，单击菜单栏的"帮助"菜单下的"关于'Windows'"选项，即可查看当前运行的 Windows 7 版本，如图 1-2 所示。

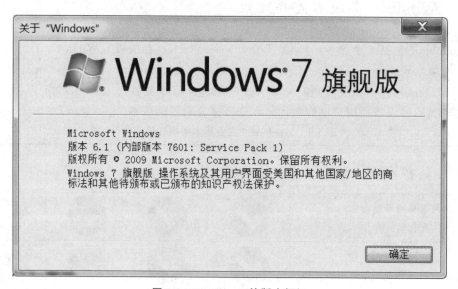

图 1-2　Windows 7 的版本标识

1.1.3　使用 Windows 7 入门与帮助

　　相信大部分同学都有使用 Windows 操作系统的经验，但如果是初次使用 Windows 7 操作系统，用户可能会面临新增功能使用的困惑。如果用户遇到问题，想要得到及时的帮助，或通过联机解决问题，这时候可以求助 Windows 7 的帮助系统。Windows 7 的帮助就像是身边的一个技术专家,遇到问题时不仅能给出必要的提示,而且还会告知相关的背景知识。当问题无法解答时,还可以联系技术支持专家以及请求得到远程协助。

1. 帮助和支持中心

Windows 7 的帮助系统称为"帮助和支持中心",在这里不仅可以查阅微软公司提供的脱机帮助文件,还可以下载帮助文件的最新版本,了解获取其他支持方式的途径,并可获得来自微软公司的最新通知。

单击"开始"按钮,在弹出的菜单中选择"帮助和支持"选项,打开"Windows 帮助和支持"窗口,如图 1-3 所示。

图 1-3 "Windows 帮助和支持"窗口

在"Windows 帮助和支持"窗口中提供了以下几种帮助方法:

(1)快速找到答案。在窗口的搜索框中输入想要查找的字词,按 🔍 按钮或者"Enter"键,系统就会自动搜索出和输入的字词相关的帮助,并以列表的方式显示出来供用户选择查看。

(2)Windows 7 入门。Windows 7 的入门工具,更像是一个功能设置快捷入口,将一些常用的设置功能合并到一起,免得用户不知到哪里才能找到它们,而且在入门工具中,用户只需要单击这些设置选项对应的按钮,就会有相应的功能说明,非常适合初级用户使用。

(3)了解有关 Windows 的基础。Windows 基本常识中的各个主题介绍了个人计算机和 Windows 7 操作系统,无论是计算机入门者还是曾经使用过 Windows 其他版本的有经验的用户,这些主题都将有助于了解使用计算机所需的任务和工具。

(4)浏览帮助主题。以目录的形式列出了"帮助和支持"下所有的内容,都以超链接的方式进行排列,单击即可跳转到相关页面,查看起来更方便。

(5)在线的 Windows 网站帮助。单击"帮助和支持"中的"Windows"链接,就可以进入微软的 Windows 帮助网页,上面提供了更多信息、下载资源和方法,使用这些帮助可以更好地使用 Windows 7,如图 1-4 所示。

类别

安装、升级与激活 产品密钥、激活、安装、升级、添加功能…		电子邮件和通信 邮件、联系人、日历、人脉、Outlook.com…	
搜索、触控与鼠标 搜索、轻扫、点击、超级按钮、鼠标与键盘、桌面…		音乐、照片与视频 媒体流、声音、照片编辑、相机、CD 刻录…	
个性化与轻松访问 "开始"屏幕、背景、语言设置、"讲述人"、放大镜…		文件、文件夹与在线存储 OneDrive、存储空间套餐、共享文件和文件夹、回收站…	
安全、隐私与帐户 Microsoft 帐户、密码、病毒、家庭安全设置…		修复与恢复 电脑重置或恢复、文件历史记录、系统还原、安全模式…	
应用和 Windows 应用商店 安装应用、计费、在多台电脑上使用应用、解决应用问题…		设备和驱动程序 打印、蓝牙、USB、显示器、流式传输…	
Web 与网络 Wi-Fi、网络浏览、Internet Explorer、家庭组、宽带、共享…		性能与维护 Windows Update、操作中心、任务管理器、电源计划…	

图 1-4　Windows 的在线帮助

2. 联机帮助

Windows 7 帮助系统中的某些内容,可能因为一些补丁程序的发布而产生变化,要保证 Windows 7 的帮助内容是最新的,就需要用到 Windows 7 的联机帮助。

默认的情况下,在打开帮助和支持中心的时候,系统已经连接到了互联网,Windows 7 会自动使用联机帮助。如果系统设置为不使用联机帮助或者系统没有连接到互联网,那么 Windows 7 就会使用脱机帮助。如果想要知道当前正在使用的是联机帮助还是脱机帮助,只要查看"帮助和支持中心"窗口右下角的状态按钮即可。

> 提示:学习任何计算机软件,都应学会充分利用该软件提供的帮助信息。在 Windows 中,几乎每个程序都包含自己的内置帮助系统。打开程序帮助系统的步骤:
> 在程序中,单击"帮助"按钮,打开"帮助"菜单,再单击列表中的第一项,如"查看帮助""帮助主题"或类似短语;还可以通过按 F1 访问帮助,在几乎所有程序中,此功能键都能打开"帮助"。

1.2　认识桌面

1.2.1　Windows 7 桌面的组成

Windows"桌面"就像人们日常生活中的桌面一样,是打开计算机并登录到 Windows 之后看到的主屏幕区域,也是所有窗口的背景。它是用户进行工作及与计算机交互的场所,是利用 Windows 来完成全部任务的工作平台,如图 1-5 所示。

图 1-5　Windows 7 的桌面

当打开程序或文件夹时，它们便会出现在桌面上。通常把办公时频繁使用的程序存放在桌面，还可以将一些项目（如文件和文件夹）放在桌面上，并且随意排列它们。

桌面图标是代表程序、文件或文件夹等各种对象的小图片。Windows 7 用图标来区分不同类型的对象，图标的下面有相应对象的名称，双击这些图标就可以快速地打开这些应用程序或文件。用户也可以将平时最常用的一些应用程序以快捷方式放到桌面上。快捷方式的图标下面有一个小箭头，它是指向程序运行的资源位置。桌面还包括"开始"按钮，Windows 的许多操作是从该按钮开始的，使用该按钮可以访问程序、文件夹和计算机设置。

桌面的底部是任务栏，显示正在运行的程序，并可以在它们之间进行切换。

1.2.2　使用桌面系统图标

图标是代表文件、文件夹、程序和其他项目的小图片，桌面上的图标一般都是比较常用的。Windows 启动时，桌面上的内容随计算机的配置不同而有所不同，掌握好 Windows 7 桌面元素的功能和特点，操作计算机会更加得心应手。

首次安装并启动 Windows 时，用户将在桌面上看到下列这些图标：计算机、网络、我的文档、回收站、浏览器（Internet Explorer）等，每个系统图标的功能如下：

（1）计算机，是浏览和使用计算机资源的快捷途径。双击"计算机"图标后打开一个窗口，在这里可以访问各个磁盘驱动器、U 盘、打印机、扫描仪、照相机，及其他连接到计算机的硬件设备。

（2）网络。如果计算机已经连接到网络，桌面上就会出现该图标。这个窗口显示出所有网络中的计算机组名或计算机名，只要用户具有某台计算机的使用权，就可浏览和使用该计算机的资源。

（3）我的文档，是一个特殊的文件夹，它是根据当前登录到 Windows 的用户命名的，主要用来存放和管理用户文档和数据。此文件夹包含特定于用户的文件，其中包括"我的文档""我的音乐""我的图片""我的视频"等文件夹。

（4）回收站，用于存放用户删除的文件和文件夹。当删除硬盘上的某个应用程序、文件或文件夹时，它们就被移到"回收站"中。这些文件或文件夹仍然占用硬盘空间，并没有真正从硬盘上清除，即所谓的逻辑删除。如果用户发现是误操作，可以借助"回收站"将其恢复。

（5）Internet Explorer：一般称为"IE 浏览器"，是使用最广泛的一种 WWW 浏览器软件。

1.2.3 "开始"菜单

菜单是用户使用计算机程序、文件夹和进行设置的主门户。"开始"的含义在于它通常是启动计算机上安装的程序。若要打开"开始"菜单，或打开某项内容的位置，单击屏幕左下角的"开始"按钮 ，或者，按键盘上的 Windows 徽标键 。

"开始"菜单由 3 个主要部分组成，如图 1-6 所示。

图 1-6 "开始"菜单的组成

1. 左窗格

左边的大窗格显示计算机上程序的一个短列表。用户可以自定义此列表，一般可以将最常用的应用程序放在这里，所以其菜单选项会有所不同。如果看不到所需的程序，可单击左边窗格底部的"所有程序"，显示程序的完整列表。单击其中一个程序图标即可启动相应的程序，然后关闭"开始"菜单。

用户可能会注意到，随着时间的推移，"开始"菜单中的程序列表会发生变化。出现这种情况有两种原因：首先，安装新程序时，新程序会添加到"所有程序"列表中。其次，"开始"菜单会检测最常用的程序，并将其置于左边窗格中以便快速访问。

2. 右窗格

"开始"菜单的右边窗格中包含经常使用的部分 Windows 程序或链接，如个人文件夹、计算机、网络、控制面板、设备和打印机等。

3. 搜索框

搜索框是在计算机上查找项目的最便捷方法之一,通过键入搜索项可在计算机上查找程序和文件。搜索框可遍历程序以及个人文件夹(包括"文档""图片""音乐""桌面"以及其他常见位置中的所有文件夹),还可搜索电子邮件、已保存的即时消息、约会和联系人,因此是否提供项目的确切位置并不重要。

4. 自定义"开始"菜单

用户可以控制"开始"菜单上显示的项目,如将喜欢的程序的图标附到"开始"菜单以便于访问,也可从列表中移除不需要的程序,还可以在右边窗格中隐藏或显示某些项目。

5. 运行程序

在计算机上做的每一件事几乎都需要使用程序。例如,若要绘图,就需要使用绘图或画图程序;若要写信,就需要使用字处理程序;若要浏览 Internet,就需要使用称为 Web 浏览器的程序。

在 Windows 上可以使用的程序有数千种,通过"开始"菜单可以访问计算机上的所有程序。"开始"菜单的左侧窗格中列出了一小部分程序,单击它可以打开某个程序。若要浏览程序的完整列表,单击"所有程序"即可。还可以通过打开文件来打开与该文件关联的程序。

1.2.4 任务栏

任务栏是位于屏幕底部的水平长条。与桌面不同的是,桌面可以被打开的窗口覆盖,而任务栏始终可见。它由 3 个主要部分组成,如图 1-7 所示。

1. 窗口任务按钮

当启动一个程序或者打开一个窗口后,系统都会在任务栏中增加一个窗口任务按钮。单机窗口任务按钮,即可切换该窗口的活动和非活动状态,或者控制窗口的最大化、最小化。

当鼠标指向窗口任务栏按钮时,将看到一个缩略图大小的窗口预览,无论该窗口的内容是文档、照片,还是正在运行的视频。如果无法通过其标题识别窗口,则该预览特别有用。

2. 通知区域

显示系统当前状态的一些小图标,通常有数字时钟、音量、网络连接等,还包括一些正在运行的程序图标。

3. "显示桌面"按钮

在 Windows 7 系统任务栏的最右侧,增加了既方便又实用的"显示桌面"按钮,其作用是快速地将所有已打开的窗口最小化,这样查找桌面文件就会变得很方便。

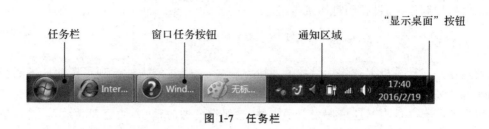

图 1-7　任务栏

1.2.5　关闭与退出系统

右边窗格的底部是"关机"按钮，单击"关机"按钮关闭计算机；单击"关机"按钮旁边的箭头可显示一个带有其他选项的菜单，可用来切换用户、注销、锁定、重新启动或睡眠，如图 1-8 所示。

正常退出 Windows 7 时不要直接关闭电源，而应当依次单击"开始""关机"按钮进行关闭，否则会丢失系统未保存的数据或信息。

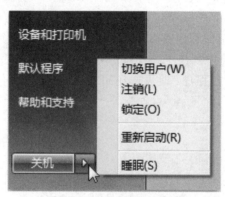

图 1-8　"关机"按钮的选项

1.3　窗口的组成与操作

窗口在 Windows 中随处可见，在微软的 Windows 帮助文件中对"窗口"的解释为：程序或操作中能运行的部分视窗。

每当打开程序、文件或文件夹时，它都会在屏幕上称为窗口的框或框架中显示。虽然每个窗口的内容各不相同，但所有窗口都有一些共同点：一方面，窗口始终显示在桌面（屏幕的主要工作区域）上，另一方面，大多数窗口都具有相同的基本部分。

1.3.1　窗口的组成

Windows 7 的窗口功能设计可以让用户更方便地进行导航，更轻松地使用文件、文件夹和库。

下面以"库"窗口为例，介绍 Windows 7 窗口的组成，如图 1-9 所示。

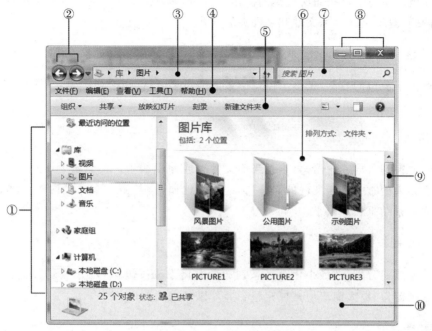

图 1-9　窗口的组成

①导航窗格　②"后退"与"前进"按钮　③地址栏　④菜单栏　⑤工具栏
⑥工作区　⑦搜索框　⑧窗口控制按钮　⑨滚动条　⑩状态信息栏

下面对窗口的每一部分进行简单介绍。

1. 导航窗格

导航窗格位于工作区的左边区域,与以往的 Windows 系统版本不同的是,在 Windows 7 中导航区一般包括"收藏夹""库""计算机""网络"4 部分,如使用"库"可以访问视频、图片、文档和音乐。

2. "后退"与"前进"按钮

"后退"按钮可以导航至前面已打开的其他文件夹或库,"前进"按钮可以导航至已用"后退"按钮打开过的其他文件夹或库。

3. 地址栏

使用地址栏可以显示文件和文件夹所在的路径,导航至不同的资源,通过它还可以访问因特网中的资源。

4. 菜单栏

菜单栏由可供使用的命令组成。随着应用程序窗口的不同,菜单栏的内容会不同,包含程序中可单击进行选择的项目。

5. 工具栏

工具栏位于菜单栏的下面,由工具按钮组成。每一个按钮代表一个常用的命令,用鼠标单击某个按钮也就执行了该按钮所代表的操作。例如，单击工具栏中的"视图"按钮时，会在 5 个不同的视图间切换，更改显示文件和文件夹的方式。

6. 工作区

工作区位于窗口的右侧，是整个窗口中最大的矩形区域，用于显示窗口中的操作对象和操作结果。

7. 搜索框

在搜索框中键入词或短语，可查找当前文件夹或库中的项。搜索框基于所键入文本筛选当前视图。如果搜索字词与文件的名称、标记或其他属性，甚至文本文档内的文本相匹配，则将文件作为搜索结果显示出来。

8. 窗口控制按钮

窗口控制按钮分别是"最小化"█按钮、"最大化"█按钮和"关闭"█按钮，这些按钮分别可以隐藏窗口、放大窗口使其填充整个屏幕以及关闭窗口。

9. 滚动条

帮助浏览窗口可视区外的内容。当窗口中的文件内容太宽时，使用滚动条做左右或上下滚动来浏览。

10. 状态信息栏

状态信息栏在程序窗口的底部，显示当前工作的信息及一些重要的状态信息。

1.3.2 窗口的基本操作

1. 移动窗口

用鼠标指针指向其标题栏，然后将窗口拖动到希望的位置。

2. 更改窗口的大小

若要调整窗口的大小（使其变小或变大），可将鼠标指针指向窗口的任意边框或角，当鼠标指针变成双箭头时，拖动边框或角可以缩小或放大窗口，如图 1-10 所示。已最大化的窗口无法调整大小，必须先将其还原为先前的大小才能进行操作。

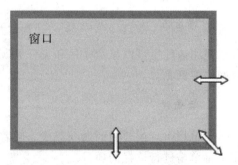

图 1-10　拖动窗口的边框或角以调整其大小

3. 在窗口间切换

如果打开了多个程序或文档，桌面会快速布满杂乱的窗口。通常不容易弄清楚已经打开了哪些窗口,因为一些窗口可能部分或完全覆盖了其他窗口。

每个窗口都在任务栏上具有相应的按钮,若要切换到其他窗口,只需单击其任务栏按钮,该窗口将出现在所有其他窗口的前面,成为活动窗口,即当前正在使用的窗口。

1.3.3 使用菜单

大多数程序包含几十个甚至几百个使程序运行的命令(操作),其中很多命令组织在菜单下面。就像餐厅的菜单一样,程序菜单也显示选择列表。为了使屏幕整齐,会隐藏这些菜单,只有在标题栏下的菜单栏中单击菜单标题之后才会显示菜单。

Windows 操作系统的菜单可以分为两类:一是普通菜单,即下拉菜单;二是右键快捷菜单。

1. 普通菜单

为了用户更加方便地使用菜单,Windows 将菜单统一放在窗口的菜单栏中,选择菜单栏中的某个功能即可弹出普通菜单,如图 1-11 所示。

若要选择菜单中列出的一个命令,可单击该命令。有时会显示对话框,用户可以从中选择其他选项。如果命令不可用且无法单击,则该命令以灰色显示。

2. 右键快捷菜单

Windows 中另一种菜单是快捷菜单,用户只要在文件或文件夹、桌面空白处、窗口空白处等区域单击鼠标右键,即可弹出一个快捷菜单,其中包含对选中对象的一些操作命令,如图 1-12所示。

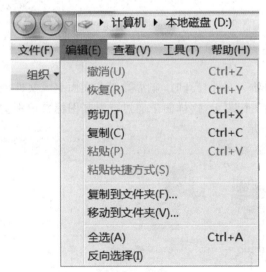

图 1-11　文件夹窗口菜单栏菜单

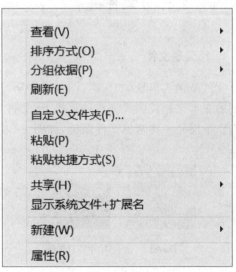

图 1-12　文件夹窗口快捷菜单

1.3.4　对话框

　　对话框可以看成一种人机交流的媒介，是特殊类型的窗口。与常规窗口不同的是，多数对话框无法最大化、最小化或调整大小，但是可以被移动。

　　当 Windows 系统和程序需要与用户进行交流才能继续工作时，经常会看到对话框。对话框一般会给出进一步的说明和操作提示，允许用户选择选项来执行任务，或者提供信息，只有在完成了对话框要求的操作后才能进行下一步的操作。

　　下面是 Windows"画图"程序所出现的一个对话框，由用户确认要退出程序时当前的操作是否保存，如图 1-13 所示。

图 1-13　对话框示例

1.4　Windows 7 文件管理

1.4.1　文件与文件夹

1. 什么是文件

　　文件是包含信息（如文本、图像或音乐）的项。文件打开时，非常类似在桌面上或文件柜中看到的文本文档或图片。在计算机上，文件用图标表示，这样便于通过查看其图标来识别文件类型。下面是一些常见文件图标，如图 1-14 所示。

图 1-14　文件图标示例

2. 文件夹

文件夹是用于存储文件的容器。如果桌面上的纸质文件数以千计,那么在需要时想找到某个特定文件几乎不可能,这就是人们需要把纸质文件分类存储在文件柜或文件夹中的原因。计算机上文件夹的工作方式与此相同。下面是一些典型的文件夹图标,如图 1-15 所示。

音乐   文档   图片

图 1-15   文件夹图标示例

文件夹还可以存储其他文件夹。文件夹中包含的文件夹通常称为"子文件夹"。计算机中可以创建任何数量的子文件夹,每个子文件夹中又可以容纳任何数量的文件和其他子文件夹。

3. 认识资源管理器

与 Windows 7 之前的 Windows 版本一样,"资源管理器"是一个重要的文件管理工具,它比以前的版本增加了很多新功能。需要说明的是,桌面上的"计算机"图标与"资源管理器"是统一的。另外,双击任何一个文件夹,系统都会通过资源管理器打开并显示该文件夹的内容。

可以通过以下方式打开"资源管理器",前两者是比较快捷的访问方式:

(1)在桌面上双击"计算机"图标,如图 1-16 所示。

(2)鼠标右键单击"开始"按钮,在快捷菜单中选择"打开 Windows 资源管理器"选项。

(3)在"开始"菜单中,选择"所有程序/附件/Windows 资源管理器"。

4. 查看和排列文件和文件夹

在打开文件夹或库时,可以更改文件在窗口中的显示方式,如可以首选较大(或较小)图标或者首选允许查看每个文件的不同种类信息的视图。

每次单击工具栏中的"视图"按钮的左侧时都会更改显示文件和文件夹的方式,在 5 个不同的视图间循环切换:大图标、列表、称为"详细信息"的视图(显示有关文件的多列信息)、称为"图块"的小图标视图以及称为"内容"的视图(显示文件中的部分内容)。

如果单击"视图"按钮右侧的箭头,则还有更多选项。向上或向下移动滑块可以微调文件和文件夹图标的大小。随着滑块的移动,可以查看图标更改大小,如图 1-17 所示。

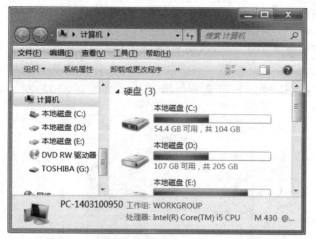

图 1-16　双击"计算机"图标打开资源管理器　　　图 1-17　文件和文件夹的视图模式

1.4.2　库的使用

在以前版本的 Windows 中，总是以树状结构的方式来组织和管理计算机上的各种文件和文件夹，往往根据内容或者类型的不同，将它们分别保存在不同的目录下，从而一层一层嵌套形成树状结构。管理文件意味着在不同的文件夹和子文件夹中组织这些文件。但是这种单一的树状分类方式，无法满足文件之间复杂的联系，随着用户文件数量越来越多，需要在文档目录之间来回切换，管理起来十分麻烦。

为了帮助用户更加有效地对硬盘上的文件进行管理，Windows 7 系统提供了新的文件管理方式——库。作为访问用户数据的首要入口，库在组织和访问文件时，不管其存储位置如何。库可以收集不同位置的文件，并将其显示为一个集合，而无须从其存储位置移动这些文件。使用库访问用户自己的文件和文件夹都更加方便。

1. Windows 7 库的组织

Windows 7 的库中有 4 个默认库，分别是文档库、图片库、音乐库及视频库，如图 1-18 所示。

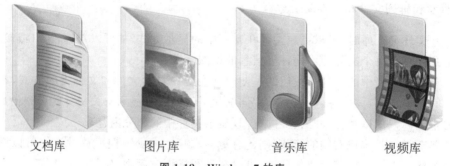

文档库　　　　　图片库　　　　　音乐库　　　　　视频库

图 1-18　Windows 7 的库

（1）文档库。使用该库可组织和排列字处理文档、电子表格、演示文稿以及其他与文本有关的文件。默认情况下，移动、复制或保存到文档库的文件都存储在"我的文档"文件夹中。

（2）图片库。使用该库可组织和排列数字图片，如从照相机、扫描仪或者其他的电子邮件中获取的图片。默认情况下，移动、复制或保存到图片库的文件都存储在"我的图片"文件夹中。

（3）音乐库。使用该库组织和排列数字音乐，如从音频 CD 翻录的歌曲，或从 Internet 下载的歌曲。默认情况下，移动、复制或保存到音乐库的文件都存储在"我的音乐"文件夹中。

（4）视频库。使用该库可组织和排列视频，如取自数字相机、摄像机的剪辑，或者从 Internet 下载的视频文件。默认情况下，移动、复制或保存到视频库的文件都存储在"我的视频"文件夹中。

2. 创建新库

用户除了使用 Windows 7 的 4 个默认库外，还可以为其他文件的集合创建新库。

创建新库的步骤如下：

（1）单击"开始"按钮，单击用户名（这样将打开个人文件夹），然后单击左窗格中的"库"。

（2）在"库"中的工具栏上，单击"新建库"。

（3）键入库的名称，然后按 Enter 键。

若要将文件复制、移动或保存到库，则必须首先在库中建立一个文件夹，以便让库知道存储文件的位置。此文件夹将自动成为该库的"默认保存位置"。

3. 添加文件夹到库

库可以收集不同文件夹中的内容，因此可以将不同位置的文件夹包含到同一个库中，然后以一个集合的形式查看和排列这些文件夹中的文件。

打开"资源管理器"，在导航窗格中，找到要包含的文件夹，单击该文件夹；在工具栏中，单击"包含到库中"按钮，在下拉列表中，单击要包含的库，如图 1-19 所示。

也可以在"资源管理器"中，选择要添加到库的文件夹，单击鼠标右键，在弹出的快捷菜单中选择"包含到库中"级联菜单，选择要包含的库，如图 1-20 所示。

图 1-19 包含到库中

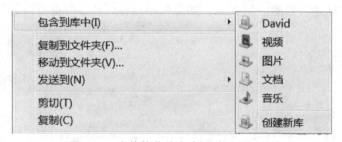

图 1-20 在快捷菜单中选择"包含到库中"

4. 从库中删除文件夹的步骤

当不再需要库中的文件夹时，可以将其删除。从库中删除文件夹时，不会删除原始位置中的文件夹及其内容。具体删除步骤如下：

（1）打开"Windows 资源管理器"窗口。

（2）在导航窗格（左窗格）中，单击要从中删除文件夹的库。

（3）在库窗格（文件列表上方）中，在"包括"旁边，单击"位置"，如图 1-21 所示。

（4）在显示的对话框中，单击要删除的文件夹，单击"删除"，然后单击"确定"，如图 1-22 所示。

图 1-21　库窗格的"位置"　　　　　　　图 1-22　从库中删除文件夹

1.4.3　文件与文件夹操作

1. 创建新文档或文件夹

一般在使用中，术语"文档"和"文件"通常可以互换。可以编辑的图片、音乐剪辑和视频统称为文件，尽管从技术角度来说，它们应是文档。

创建新文件的最常见方式是使用程序，如在字处理程序中创建文本文档或者在视频编辑程序中创建视频文件。

有些程序（包括"写字板""记事本""画图"程序）在打开时会自动创建一个空白的无标题文档，并且在程序的标题栏上显示"无标题"或"文档"之类的总称词，如图 1-23 所示。同时在工作区呈现一大片白色区域，以便使用者可以立即开始工作。

如果程序未在打开时自动打开新文档，则可以自己通过以下步骤打开：

在所使用的程序中单击"文件"菜单，然后单击"新建"。或单击菜单按钮，然后单击"新建"，如图 1-24 所示。如果程序能够打开多种类型的文档，还需要从列表中选择类型。

图 1-23　"画图"程序的标题栏

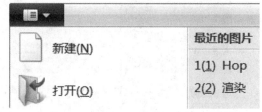

图 1-24　"画图"程序的"新建"菜单

创建新文件夹的步骤如下：

（1）转到要新建文件夹的位置（如某个文件夹或桌面）。

（2）在桌面上或文件夹窗口中右键单击空白区域，指向"新建"，然后单击"文件夹"。

（3）键入新文件夹的名称，然后按 Enter 键。

新文件夹将显示在指定位置。

2. 保存文档

处理文档时,当前所做的编辑、添加和更改都存储在计算机的随机存取内存(RAM)中。在 RAM 中存储的信息都是临时性的,保存文档使用户能够对文档命名并将其永久存储在计算机的硬盘上。

第一次保存文档时,系统将要求用户提供文档名以及文档在计算机上的保存位置。保存文档的步骤是:单击"文件"菜单,在所显示的对话框中,键入文件名(文件名有助于以后再次查找文件),然后单击"保存"。默认情况下,大多数程序将文件保存在常见文件夹(如"我的文档"和"我的图片")中,这便于下次再次查找文件。

3. 打开文件或文件夹

若要打开某个文件,双击该文件,则文件将通常在曾用于创建或更改它的程序中打开。例如,双击 Word 文件将在 Office 字处理程序中打开。但是并非始终如此。例如,双击某个图片文件,通常打开的是图片浏览器,如 Windows 图片查看器。若要更改图片,则需要使用其他程序。右键单击该文件,单击"打开方式",然后点按要使用的程序的名称,如图 1-25 所示。

图 1-25 用"打开方式"选择要使用的程序

双击文件夹可以在 Windows 资源管理器中将其打开,并不会打开其他程序。

> 提示:若用户看到一条消息,内容是 Windows 无法打开文件,则可能需要安装能够打开这种类型文件的程序。若要执行此操作,须在该对话框中,单击"使用 Web 服务查找正确的程序",然后单击"确定"。若服务识别该文件类型,则系统将向用户建议要安装的程序。

4. 文件或文件夹的重命名

在"计算机"或"资源管理器"窗口中,用户可以直接更改文件或文件夹的名称,其步骤如下:
(1)右键单击要重命名的文件,在弹出的快捷菜单中单击"重命名"。
(2)键入新的名称,然后按 Enter 键。
若系统提示输入管理员密码或进行确认,则须键入正确密码或提供确认。

5. 文件和文件夹删除

当不再需要某个文件或文件夹时,可以从计算机中将其删除以节约空间并保持计算机不为无用文件所干扰。

若要删除某个文件或文件夹时,选中该文件或文件夹,按键盘上的 Delete 键,然后在"删除文件"对话框中,单击"是"按钮,如图 1-26 所示;也可以用鼠标右键单击要删除的文件或文件夹,在弹出的快捷菜单中选择"删除",如图 1-27 所示。

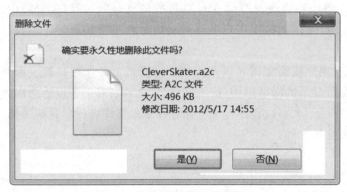

图 1-26　"删除文件"对话框　　　　　　　图 1-27　用快捷菜单"删除"文件

当删除一个文件或文件夹后,它会被临时存储在"回收站"中。"回收站"可视为最后的安全屏障,它可恢复意外删除的文件或文件夹。有时,应清空"回收站"以回收无用文件所占用的硬盘空间。

1.4.4　文件与文件夹的移动与复制

文件和文件夹的移动与复制是用户经常进行的操作,如希望更改文件和文件夹在计算机中的存储位置,将当前文件夹的某个文件移到不同的文件夹,或将它们复制到可移动媒体(如 CD 或内存卡)中,以便备份或与其他人共享等。

1. 用"拖放"方法移动或复制文件和文件夹

大多数人习惯使用鼠标"拖放"的方法复制和移动文件,其操作步骤如下:

(1)打开包含要移动的文件或文件夹的文件夹。

(2)在其他窗口中打开要将其移动到的文件夹,再将两个窗口并排置于桌面上,以便可以同时看到它们的内容。

(3)用鼠标从第一个文件夹里将文件或文件夹拖动到第二个文件夹里,这样就完成了文件或文件夹的移动,如图 1-28 所示。

如果按住 Ctrl 键,同时用鼠标拖动文件或文件夹,这样就完成了文件或文件夹的复制。

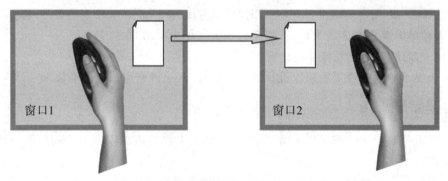

图 1-28　若要移动文件,可将其从一个窗口拖动到另一个窗口

提示：如果将文件或文件夹复制或移动到某个库，该复制或文件夹将存储在库的"默认保存位置"。移动文件的另一种方法是在导航窗格中将文件从文件列表拖动至文件夹或库，从而不需要打开两个单独的窗口（复制时同时按住 Ctrl 键）。

2. 用菜单命令方式移动或复制文件和文件夹

(1)在资源管理器窗口中，选定要操作的文件或文件夹项目。

(2)如果是移动操作，选择当前窗口"编辑"菜单栏中的"剪切"命令；如果是复制操作，则选择菜单中的"复制"命令，如图 1-29 所示。

(3)在弹出的移动项目对话框中，选择"移动到文件夹"，然后按"移动"按钮，如图 1-30 所示。

如果是复制操作，则选择"复制到文件夹"，然后按"复制"按钮。

图 1-29 "编辑"菜单项　　　　　　图 1-30 "移动项目"操作菜单

也可以在资源管理器窗口中，用鼠标右键单击要操作的文件或文件夹对象，然后在弹出的快捷菜单中，选择"移动到文件夹"或"复制到文件夹"，其步骤与上面相同。

1.4.5　使用搜索框查找文件或文件夹

通常用户要查找某个文件可能意味着要查看数百个文件和子文件夹，资源管理器窗口顶部的搜索框可以帮助用户快速搜索和查找。搜索框基于所键入文本筛选当前视图，搜索将查找文件名和内容中的文本，以及标记等文件属性中的文本。在库中，搜索包括库中包含的所有文件夹及这些文件夹中的子文件夹。

可以在搜索框中键入完整字词或部分字词，如在搜索框中键入"软件"二字，键入后，将自动对视图进行筛选，如果当前文件夹没有与搜索条件匹配的项，则系统建议在其他内容（包括库、计算机、Internet 等资源）中搜索，搜索结果中显示包含搜索关键字的所有文件或文件夹，如图 1-31 所示。双击某个搜索项目后，即可以打开该文件或文件夹。

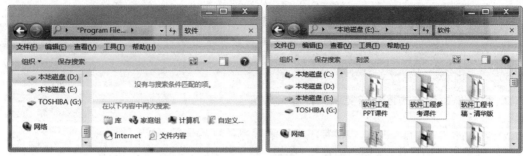

图 1-31　在搜索框中键入"软件"之后的搜索结果

也可以在搜索框中使用其他搜索技巧来快速缩小搜索范围。例如，如果要基于文件的一个或多个属性（如标记或上次修改文件的日期）搜索文件，则可以在搜索时使用搜索筛选器指定属性，或者，在搜索框中键入关键字以进一步缩小搜索结果范围。

1.4.6　使用剪贴板在文件之间移动信息

大多数程序允许用户在它们之间共享文本和图像。复制信息时，信息将存储在一个称为"剪贴板"的临时存储区域，用户可以从该区域将其粘贴到文档中。

剪贴板是 Windows 中的一个重要概念与操作。剪贴板是内存中的一块区域，提供了在不同应用程序间传递信息的一种有效方法，其作用是暂时存放用户指定的信息，如文本、图形、图标，以便进行信息的复制、删除、移动等，其容量根据实际需要由系统自动调整。一旦退出系统，剪贴板中的内容便消失。

1. 把选定信息复制到剪贴板

（1）用鼠标选定要复制的信息，使之突出显示。选定的信息既可以是文本，也可以是文件、文件夹、图片等其他对象。

（2）选择应用程序的"复制"命令（可以使用当前程序的"编辑"菜单下的"复制"命令，也可以使用快捷菜单中的"复制"命令），如图 1-32 所示。

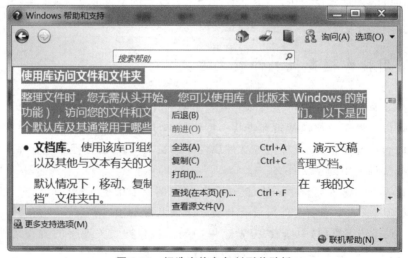

图 1-32　把选定信息复制到剪贴板

2. 从剪贴板中粘贴信息

将信息复制到剪贴板后,就可以将剪贴板中的信息粘贴到目标程序中。

(1)首先确认剪贴板上已有要粘贴的信息。

(2)切换到要粘贴信息的应用程序。

(3)把光标定位到要放置信息的位置上。

(4)选择该程序的"粘贴"命令,可以多次粘贴被复制的对象。

3. 复制整个屏幕或窗口到剪贴板

可以把整个屏幕或某个活动窗口复制到剪贴板。

(1)复制整个屏幕。按 Print Screen 键,整个屏幕被复制到剪贴板上。

(2)复制窗口。先将窗口选择为活动窗口.然后按 Alt+Print Screen 键。

> 提示:"复制""剪切""粘贴"命令都有对应的快捷键,分别是 Ctrl+C,Ctrl+X 和 Ctrl+V。

1.5 中文输入法

中文输入法,就是利用键盘,根据一定的编码规则来输入汉字的方法。Windows 7 操作系统提供了很多输入法,如微软拼音、简体中文双拼、简体中文全拼等输入法,可以根据需要使用自己熟悉的中文输入法。

1.5.1 选择中文输入法

语言栏 位于任务栏右端,通过它可以快速更改输入语言或键盘布局。可以将语言栏移动到屏幕的任何位置,也可以将其最小化到任务栏或隐藏它。

Windows 7 安装后默认的输入状态是英文,如要输入汉字,需要打开汉字输入法,可以通过语言栏进行切换。用鼠标单击语言栏上的输入法选择按钮,在弹出菜单中选择想要的中文输入法即可,如图 1-33 所示。也可以通过快捷方式快速打开汉字输入法,同时按下 Ctrl 键和空格键可以打开或者关闭汉字输入法,实现中英文输入法之间的切换。如果安装了几种汉字输入法,可以在按下 Ctrl 键的同时不断按 Shift 键,在英文状态和各种汉字输入法之间循环切换。

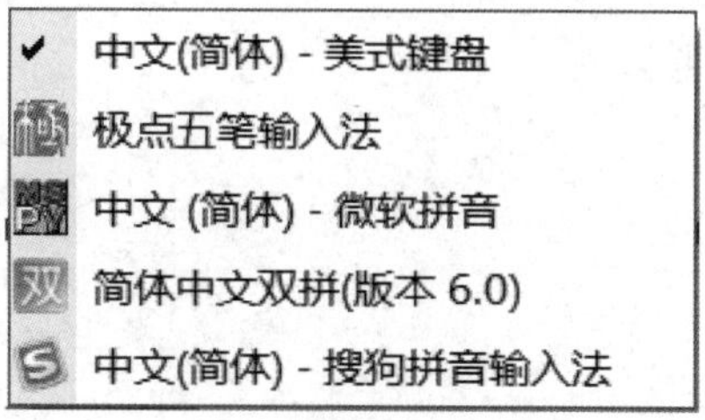

✔ 中文(简体) - 美式键盘
极点五笔输入法
中文 (简体) - 微软拼音
简体中文双拼(版本 6.0)
中文(简体) - 搜狗拼音输入法

图 1-33 选择中文输入法

提示：如果在屏幕上看不到语言栏，语言栏可能是被最小化到任务栏上了，可以在任务栏右端找到它。单击语言栏上的还原小图标，或单击语言栏的按钮并选择"显示语言栏"选项，就可以在屏幕上看到语言栏了。

1.5.2 输入法的添加与删除

Windows 7 提供的中文输入法有"微软拼音输入法""全拼输入法"等，用户也可以安装自己喜好的中文输入法，如搜狗拼音输入法、极点五笔输入法等。

1. 添加输入法

如果 Windows 7 输入法列表中没有自己需要的输入法，可以通过下列操作步骤添加：

（1）用鼠标右键单击输入法图标，在弹出的快捷菜单中选择"设置"命令，打开"文本服务和输入语言"对话框，如图 1-34 所示。

（2）在对话框中单击"添加"按钮，打开"添加输入语言"对话框，如图 1-35 所示。

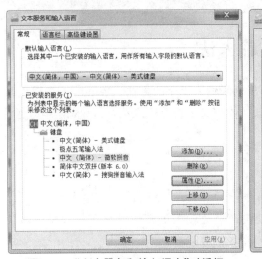

图 1-34 "文本服务和输入语言"对话框

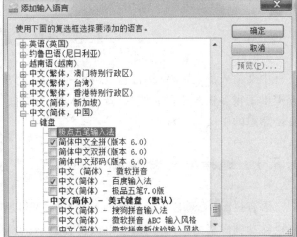

图 1-35 "添加输入语言"对话框

（3）单击"键盘布局/输入法"下拉列表中的下拉按钮，在下拉列表中选择需要添加的输入法，如"双拼"输入法，然后按"确定"按钮即可。

2. 删除输入法

在打开的"文本服务和输入语言"对话框中（图 1-34），选中不需要的输入法，单击"删除"按钮，然后单击"确定"按钮即可完成。

1.5.3 常用输入法简介

1. 微软拼音输入法

微软拼音输入法采用拼音作为汉字的录入方式,只要知道汉字读音,就可以录入汉字,使用起来非常简单。只需用它连续输入整句话的汉语拼音,系统即可自动选出拼音所对应的最可能的汉字,免去了用户逐字、逐词进行同音字(词)选择的麻烦。此外它还具有自学习、用户自造词等功能,从而大大提高输入效率。

2. 搜狗拼音输入法

搜狗拼音输入法为目前主流汉字拼音输入法之一,特别受到手机端用户的喜爱。搜狗拼音输入法基于搜索引擎技术,在输入速度、词库的广度、词语的准确度上,都领先于其他输入法,用户还可以通过互联网备份自己的个性化词库和配置信息。

3. 百度输入法

百度输入法是基于百度强大的数据挖掘和中文分词技术的智能输入法,覆盖 PC、平板、手机平台,为用户提供海量词库、智能组词、长句输入等功能,并有强大的云输入辅助用户准确输入。百度输入法以词库多元、输入精准、输入方式多样而著称。

4. 五笔字型输入法

五笔字型输入法简称五笔,完全依据笔画和字形特征对汉字进行编码,是典型的形码输入法。五笔是目前中国以及一些东南亚国家如新加坡、马来西亚等国的最常用的汉字输入法之一。相对于拼音输入法,五笔具有重码率低的特点,熟练后可快速输入汉字。

其他五笔输入法,如极点五笔、万能五笔、QQ 五笔、搜狗五笔等,大都采用五笔编码规则,输入方式基本相同。

实验项目 2　Windows 7 高级应用

本章实验项目主要介绍 Windows 7 的高级应用与操作，以便学生进一步了解和掌握 Windows 7 的其他实用功能。

本实验项目内容包括 Windows 7 桌面管理、Windows 7 的系统和安全、用户管理、网络与 Internet 和家庭组。

2.1　桌面管理

用户每次开机后首先看到的是桌面的背景图案和桌面上的图标，如何管理桌面是很多用户关心的问题。下面介绍桌面管理的常用操作。

2.1.1　从桌面上添加和删除图标

许多用户习惯将经常使用的程序、文件和文件夹图标放在自己的桌面上，以便快速访问。如果想要从桌面上轻松访问偏好的文件或程序，可创建它们的快捷方式。快捷方式是一个表示与某个项目链接的图标，而不是项目本身。双击快捷方式便可以打开该项目。

1. 在桌面上添加项目的快捷方式

找到要创建快捷方式的项目，可以是文档、文件夹，也可以是开始菜单中的程序项目。右键单击该项目，再单击"发送到"，然后单击"桌面快捷方式"，如图 2-1 所示，该项目快捷方式图标便出现在桌面上。

图 2-1　在桌面上添加项目的快捷方式

2. 从桌面上删除图标

右键单击桌面上要删除的图标，然后单击"删除"，图标便被删除了。

如果该图标是快捷方式,则只会删除该快捷方式,原始项目不会被删除。

3. 将文件夹中的文件移动到桌面上

打开包含该文件的文件夹,再将该文件拖动到桌面上。

2.1.2 定义主题

主题是计算机上的图片、颜色和声音的组合。它包括桌面背景、屏幕保护程序、窗口颜色和声音,如图 2-2 所示。某些主题也可能包括桌面图标和鼠标指针。在 Windows 7 中,用户可以通过创建自己的主题,更改桌面背景、窗口颜色、声音和屏幕保护程序以适应自己的风格。

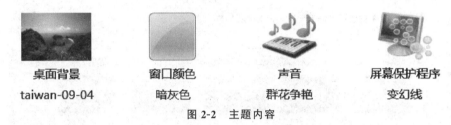

桌面背景   窗口颜色   声音   屏幕保护程序
taiwan-09-04   暗灰色   群花争艳   变幻线

图 2-2 主题内容

1. 创建自己的主题

打开"控制面板"中的"外观和个性化",单击要应用于桌面的主题,如图 2-3 所示。

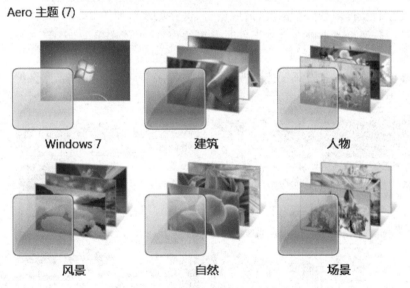

Aero 主题 (7)

Windows 7   建筑   人物

风景   自然   场景

图 2-3 Windows 7 提供的桌面主题

Windows 7 还提供了 Aero 风格的主题,是从 Windows Vista 开始使用的新型用户界面,透明玻璃式让用户一眼贯穿。"Aero"为 4 个英文单词的首字母缩略字:Authentic(真实)、Energetic(动感)、Reflective(反射)及 Open(开阔),意为 Aero 界面是具有立体感、透视感的新型用户界面。Windows Aero 技术还包含了实时缩略图、实时动画等窗口特效,吸引用户的目光。

在桌面主题中,可以更改以下一项或多项内容,直到每个部分都满足自己的喜好。

(1)桌面背景。桌面背景可以是单张图片或幻灯片放映(一系列不停变换的图片),也可以使用自己的图片,或者从 Windows 自带的图片中选择。若要更改背景,可单击"桌面背景",浏览到要使用的图片,选中要加入幻灯片放映的图片的复选框,然后单击"保存修改",如图 2-4 所示。

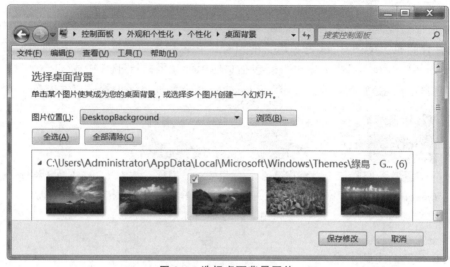

图 2-4　选择桌面背景图片

(2)窗口颜色。若要更改窗口边框、任务栏和"开始"菜单的颜色,可单击"窗口颜色",然后单击要使用的颜色,再调整颜色浓度,最后单击"保存更改",如图 2-5 所示。

(3)声音。若要更改电脑在发生事件时发出的声音,可依次单击"声音"和"声音方案"列表中的项目,然后单击"确定"。

(4)屏幕保护程序。若要添加或更改屏幕保护程序,可依次单击"屏幕保护程序"和"屏幕保护程序"列表中的项目,然后单击"确定",如图 2-6 所示。

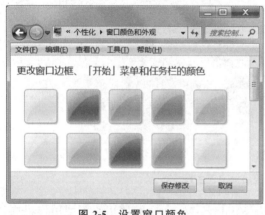

图 2-5　设置窗口颜色

图 2-6　设置屏幕保护程序

2. 保存主题

新主题将作为未保存的主题出现在"我的主题"下。如果用户喜欢新主题的外观和声音,则可以保存该主题,以便随时使用它。

(1)用鼠标右键单击未保存的主题。

(2)在弹出的快捷菜单中选择"保存主题",如图 2-7 所示。

(3)键入该主题的名称,然后单击"保存",如图 2-8 所示。

此时该主题将出现在"我的主题"下。

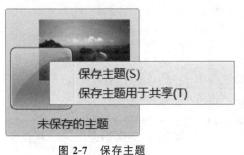

图 2-7　保存主题

图 2-8　输入主题的名称

2.1.3　屏幕分辨率设置

Windows 7 可以根据监视器选择最佳的显示设置,包括屏幕分辨率、刷新频率和颜色。

1. 屏幕分辨率基础知识

目前 LCD 监视器(也称为平面显示器)采用不同的形状和大小,其中包括宽屏幕和标准宽度屏幕。宽屏幕模型的宽度和高度之比为 16 : 9,而标准宽度模型的宽度和高度之比为 4 : 3。便携式计算机也使用平面显示器。

通常在屏幕上设置显示的每英寸点数(DPI)越高,字体显示效果越好。增加 DPI 时,也就增加了屏幕分辨率。使用的分辨率取决于监视器支持的分辨率,分辨率越高(如 1 900×1 200 像素),项目越清楚,同时屏幕上的项目显得越小,因此屏幕可以容纳越多的项目。屏幕分辨率越低(如 800×600 像素),在屏幕上显示的项目越少,但尺寸越大。

2. 设置屏幕分辨率

打开"控制面板"中的"外观和个性化",单击打开"屏幕分辨率"窗口,如图 2-9 所示。

单击"分辨率"旁边的下拉列表,检查标记为"(推荐)"的分辨率,如图 2-10 所示。这是 LCD 监视器的原始分辨率,通常是监视器可以支持的最高分辨率。

3. 设置显示器颜色

若要获得在 LCD 监视器上显示的最佳颜色,请确保将其设置为 32 位颜色。这一度量是指颜色深度,即可以分配给图像中一个像素的颜色值数量为 2^{32},超过 16.7 百万色。其设置步骤如下:

(1)单击打开"屏幕分辨率"。

(2)单击"高级设置",然后单击"监视器"选项卡。

(3)在"颜色"中,选择"真彩色(32 位)",然后单击"确定"。

图 2-9 "屏幕分辨率"设置窗口

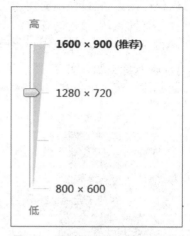

图 2-10 调整"分辨率"的下拉列表

2.2 Windows 7 的系统和安全

对于个人用户而言，计算机系统的安全是十分重要的。在 Windows 7 的"控制面板"主页中选择"系统和安全"主题，该主题提供了许多功能用以保护用户数据和系统的安全。其工具主要包括：操作中心、Windows 防火墙、系统、Windows Update、电源选项、备份和还原、BitLocker 驱动器加密、管理工具等，如图 2-11 所示。下面介绍其中主要的应用。

图 2-11 Windows 7 提供的"系统和安全"功能

2.2.1 操作中心

"控制面板"的"系统和安全"主题下，单击"操作中心"，可以看到操作中心列出的有关需要用户注意的安全和维护设置的重要消息,如图 2-12 所示。

操作中心中的红色项目标记为"重要",表明应快速解决的重要问题,如没有安装防病毒软件,或需要更新的已过期的防病毒程序。黄色项目是一些应考虑建议执行的任务,如所建议的维护任务,系统备份任务提示。

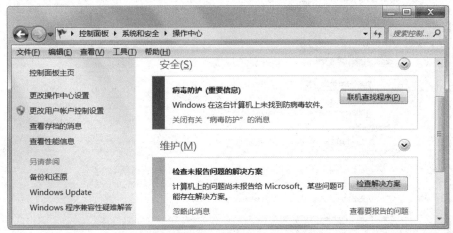

图 2-12 系统提供的安全和维护设置的重要消息

2.2.2 Windows 自动更新工具——Windows Update

通过自动更新工具 Windows Update,用户无须在线搜索更新,或担心自己的计算机上可能缺少重要的 Windows 修补程序。Windows Update 将自动为用户的计算机检查最新更新,如图 2-13 所示,根据所选择的 Windows 更新设置,Windows 可以自动安装更新,或者通知用户有新的更新可用。

2.2.3 使用反间谍软件 Windows Defender

当计算机连接到 Internet 时,间谍软件可能会在用户不知情的情况下安装到计算机上,Windows Defender 是 Windows 附带的一种反间谍软件,当它打开时会自动运行。使用反间谍软件可帮助保护用户的计算机免受间谍软件和其他可能不需要的软件的侵扰。

Windows Defender 提供以下两种方法帮助防止计算机感染间谍软件:

(1)实时保护。Windows Defender 会在间谍软件尝试将自己安装到计算机上并在计算机上运行时向用户发出警告。如果程序试图更改重要的 Windows 设置,它也会发出警报。

(2)扫描选项。Windows Defender 可以扫描可能已安装到计算机上的间谍软件,定期进行扫描,还可以自动删除扫描过程中检测到的任何恶意软件。

使用 Windows Defender 时,更新"定义"非常重要。定义是一些文件,它们就像一本不断更新的有关潜在软件威胁的百科全书。Windows Defender 确定检测到的软件是间谍软件或其他可能不需要的软件时,使用这些定义来警告用户潜在的风险。为了帮助用户保持定义为最新,Windows Defender 与 Windows Update 一起运行,以便在发布新定义时自动进行安装。

图 2-13　自动更新工具——Windows Update

在 Windows 控制面板中，单击 Windows Defender，选项如图 2-14 所示。

图 2-14　"Windows Defender"窗口

在 Windows Defender 首页提供了当前 Defender 的状态，如果 Windows Defender 已经是最新的，而且没有检测到已知的不需要的或者有害软件，就会显示正常状态；如果 Windows Defender 的定义已经过期，或者检测到有害的或不需要软件，就会显示警告状态。

2.2.4　备份和还原

1. 系统备份的几种形式

Windows 7 的备份还原功能支持多达 4 种备份还原方式,分别是文件备份还原、系统映像备份还原、早期版本备份还原和系统还原。

(1)文件备份。Windows 7 备份允许为使用计算机的所有人员创建数据文件的备份。可以让 Windows 7 选择备份的内容,如要备份的文件夹、库和驱动器。

(2)系统映像备份。Windows 7 备份提供创建系统映像的功能,如图 2-15 所示。系统映像是驱动器的精确映像,包含 Windows 7 的系统设置、程序及文件。系统映像经过高度压缩,减少了对硬盘空间的占用,如图 2-16 所示。它还支持一键还原功能,操作起来更简单。

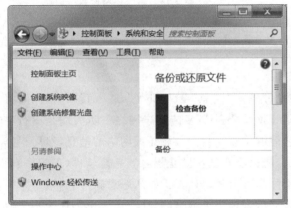
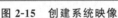

图 2-15　创建系统映像

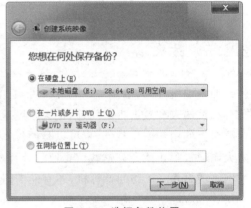

图 2-16　选择备份位置

(3)早期版本备份。可以通过系统保护来定期创建和保存计算机系统文件和设置的相关信息的功能,它将这些文件保存在还原点中,当系统发生较严重事件时,可以方便地恢复到创建还原点时的状态,如图 2-17 所示。

(4)系统还原。如果计算机运行缓慢或者无法正常工作,可以使用"系统还原"和还原点将计算机的系统文件和设置还原到较早的时间点,如图 2-18 所示。此方法可以在不影响个人文件(如电子邮件、文档或照片)的情况下,撤销对计算机所进行的系统更改。

2. 备份位置的选择

保存备份的位置取决于可用的硬件以及要在备份中保存的信息。为实现最高的灵活性,建议用户将备份保存在外部硬盘驱动器中。本地硬盘驱动器如果出现故障,将会丢失备份。外部硬盘驱动器或光盘可存储大量信息,这样有助于保护备份。用户也可以把网络存储空间作为保存备份的便利位置。

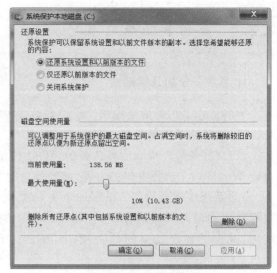

图2-17　设置系统还原点　　　　　　　　图2-18　系统还原设置

2.2.5　防火墙

通俗地讲，防火墙是一种隔离技术，它能允许用户"同意"的人和数据进入其网络，同时将"不同意"的人和数据拒之门外，最大限度地阻止网络中的黑客访用户网络。防火墙是运行在计算机上的用户安全软件（也可以是硬件），它能够检查来自 Internet 或网络的信息，然后根据防火墙设置阻止或允许这些信息通过计算机。防火墙有助于防止黑客或恶意软件（如蠕虫）通过网络或 Internet 访问计算机，还有助于阻止计算机向其他计算机发送恶意软件。

Windows 7 进一步增强了防火墙的功能，支持多种防火墙策略，让防火墙更加便于用户使用，特别适用于移动计算机。

1. Windows 7 的防火墙的默认设置

Windows 7 的防火墙位于"控制面板"→"系统和安全"功能区。在 Windows 7 防火墙按钮上有两个超链接，分别是"检查防火墙状态"和"允许程序通过 Windows 7 防火墙"，如图 2-19所示。该窗口对 Windows 防火墙当前的基本设置有一个简单说明。

如果用户需要对防火墙进行设置，选择"打开或关闭 Windows 防火墙"选项，打开"自定义每种类型的网络的设置"对话框，如图 2-20 所示。

在该对话框中，用户可选择在不同的网络位置中，是否启用防火墙、阻止所有传入连接以及在防火墙阻止程序时通告等。Windows 防火墙建议所有网络位置（家庭或办公区域、公共场所或者域）防火墙都处于打开状态，这也是防火墙的默认设置。

在公共场所连接网络时，"公用网络"位置会阻止某些程序和服务运行，这样有助于保护计算机免受未经授权的访问。如果连接到"公用网络"并且 Windows 防火墙处于打开状态，则某些程序或服务可能会要求用户允许它们通过防火墙进行通信，以便让这些程序或服务可以正常工作。如果在连接到公用网络时计划解除对多个程序的阻止，可以考虑将网络位置更改为"家庭"网络或"工作"网络。

图 2-19　Windows 防火墙当前的基本状态信息

图 2-20　自定义每种类型的网络的设置

2. 允许程序通过防火墙进行通信

默认情况下,Windows 防火墙会阻止大多数程序,以便计算机更安全;但有时需要允许某些程序通过防火墙,以便正常工作。将某个程序添加到防火墙中允许的程序列表或打开一个防火墙端口时,则允许特定程序通过防火墙与用户的计算机之间发送或接收信息。允许程序通过防火墙进行通信(有时称为"解除阻止"),就像是在防火墙中打开了一个孔;但每次打开一个端口或允许某个程序通过防火墙进行通信时,计算机的安全性也在随之降低。

打开 Windows 防火墙，单击"允许程序通过 Windows 防火墙进行通信"选项，窗口显示如图 2-21 所示。选中要允许的程序旁边的复选框，选择要允许通信的网络位置，然后单击"确定"按钮，如果需要添加新的程序，则单击"允许运行另一程序"按钮，然后在"添加程序"对话框中添加指定的程序。

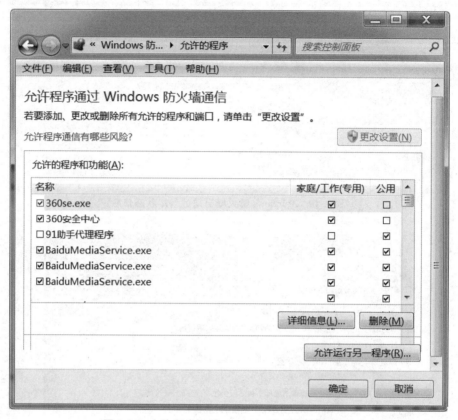

图 2-21　允许程序通过 Windows 防火墙进行通信

2.3　用户管理

2.3.1　用户账户及其分类

用户账户是通知 Windows 可以访问哪些文件和文件夹，可以对计算机和个人首选项（如桌面背景或屏幕保护程序）进行哪些更改的信息集合。通过用户账户，用户可以在拥有自己的文件和设置的情况下与多个人共享计算机。每个人都可以使用用户名和密码访问其用户账户。

Windows 有 3 种类型的账户，每种类型为用户提供不同的计算机控制级别。

（1）管理员账户，可以对计算机进行最高级别的控制，可以做任何需要的更改。

（2）标准账户，用户可以使用大多数软件以及更改不影响其他用户或计算机安全的系统设置，从而帮助保护用户的计算机。建议为每个用户创建一个标准账户。

(3)来宾账户,主要针对需要临时使用计算机的用户。没有账户的人员可以使用来宾账户登录到计算机。来宾用户不可访问密码保护文件、文件夹或设置。

Windows 要求一台计算机上至少有一个管理员账户。如果计算机上只有一个账户,则无法将其更改为标准账户。

2.3.2 创建新用户

创建一个日常用户可以更好地保证系统的安全,也便于多人使用。其操作步骤如下:

(1)单击"开始—控制面板",进入系统管理窗口。

(2)在出来的面板中,单击右边的"用户账户—添加或删除用户账户"。

(3)在出来的用户列表下边,单击"创建一个新账户",如创建一个标准用户。

(4)在出来的对话框上面,输入用户名,然后单击右下角的"创建账户"按钮,默认创建的是标准用户,如图 2-22 所示。

(5)返回到用户中,就可以看到一个新的用户了,如图 2-23 所示。

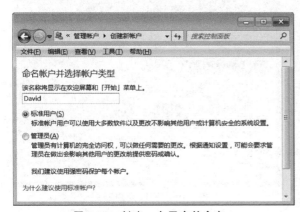

图 2-22 创建一个用户并命名

图 2-23 创建的用户列表

2.3.3 用户账号管理

1. 设置用户密码

给用户设置密码可以防止别人随意进入自己的账号。其操作步骤如下:

(1)打开"控制面板",进入系统管理窗口。

(2)单击右上角的"用户账户和家庭安全",进入用户管理。

(3)在出来的面板中,单击右上角的"更改 Windows 密码"。

(4)在出来的面板左边,点第一个"为您的账户创建密码"。

(5)在出来的面板中,单击密码文本框输入密码,输两遍一样的,再单击右下角的"创建密码"按钮,如图 2-24 所示。

(6)以后登录系统时,会提示输入密码。

2. 切换到其他用户账户

如果计算机上有多个用户账户，则可以切换到其他用户账户而不需要注销或关闭程序，该方法称为快速用户切换。其具体操作步骤如下：

（1）单击"开始"按钮。

（2）指向"关闭"按钮旁边的箭头，然后单击"切换用户"。

（3）在出现的账户图标中，选择新的账户。

3. 删除用户账户

（1）打开"控制面板"，进入系统管理窗口。

（2）单击右上角的"用户账户和家庭安全"，进入用户管理。

（3）单击右边的"用户账户—添加或删除用户账户"。

（4）在账户窗口中"选择希望更改的账户"，然后单击"删除账户"，如图 2-25 所示。

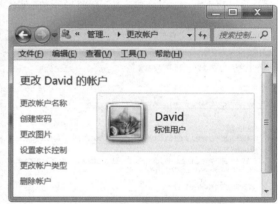

图 2-24　为账户创建密码　　　　　　　　图 2-25　删除用户账户

2.4　网络与 Internet

当用户在电脑上安装了新版本的操作系统后，最急切的一件事就是连接到互联网。在 Windows 7 中，网络的连接变得更加容易，更易于操作，用户可以轻松连接到网络。下面我们就来看看如何在 Windows 7 中使用有线和无线网络连接到互联网。连接网络的方式有很多，目前宽带线路入户线路类型主要有 ADSL（电话线）、光纤、以太网接入方式等。

要连接到网络，首先要进行网络设置。网络和共享中心是 Windows 7 新增的功能之一，它为用户提供了一个网络相关设置的统一平台，几乎所有与网络有关的功能都能在网络和共享中心里找到相应的入口。

2.4.1　网络和共享中心

在"控制面板"主页上，单击"网络和 Internet"，然后单击"网络和共享中心"，在出现的界面上可以看到 Windows 7 将与网络相关的向导和控制程序集合在"网络和共享中心"里，包括"查看网络状态和任务""连接到网络""查看网络计算机和设备""将无线设备添加到网络"等选项，如图 2-26 所示。

图 2-26　Windows 7 的"网络和共享中心"界面

"查看网络状态和任务"通过可视化的视图和命令，提供了有关网络的实时状态信息，如图 2-27 所示。用户可以查看计算机是否连接在网络或 Internet 上、连接的类型以及对网络上其他计算机和设备的访问权限级别。用户还可以从网络和共享中心找到更多有关网络映射中网络的详细信息。当设置网络或者网络出现问题时，此信息将非常有用。

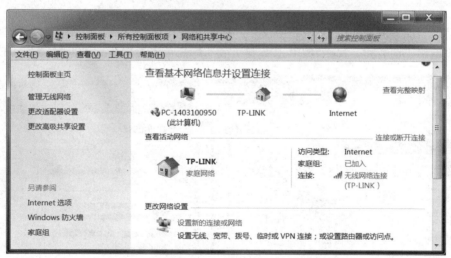

图 2-27　"查看网络状态和任务"的可视化窗口

2.4.2　ADSL 宽带上网

ADSL 全称是"Asymmetric Digital Subscriber Line"（非对称数字用户线路），属于 DSL 技术的一种。ADSL 宽带目前还是许多家庭上网的主要方式之一，它通过电话线，使用

PPPoE 拨号协议。用户申请 ADSL 宽带业务后，网络服务商会负责安装 ADSL 设备和在 Windows 中进行设置等服务。

1. ADSL 宽带连接

打开"控制面板"，进入"网络和共享中心"界面后，如图 2-28 所示，单击"设置新的连接或网络"。

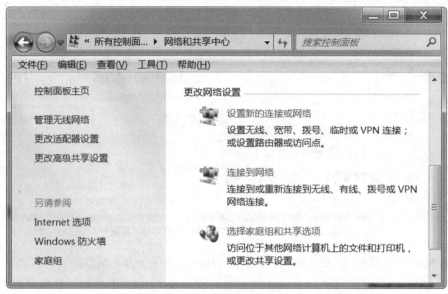

图 2-28 "更改网络设置"对话框

单击"设置连接或网络"对话框中"连接到 Internet"，然后单击"下一步"按钮，如图2-29 所示。

电信运营商一般都使用 PPPoE 协议来连接互联网。在"连接到 Internet"对话框中，会显示连接到网络上的方式。选择"PPPoE 连接方式"，然后单击该连接方式，如图 2-30 所示。

图 2-29 选择"连接到 Internet"选项

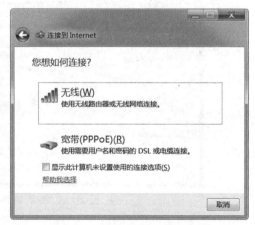

图 2-30 选择"PPPoE 连接方式"

接着在出现的对话框中，输入 ISP 服务商提供的用户名和密码，单击"连接"按钮，即可成功建立宽带连接，如图 2-31 所示。建议勾选"记住此密码"，这样下次连接的时候就不需要重新输入密码了。

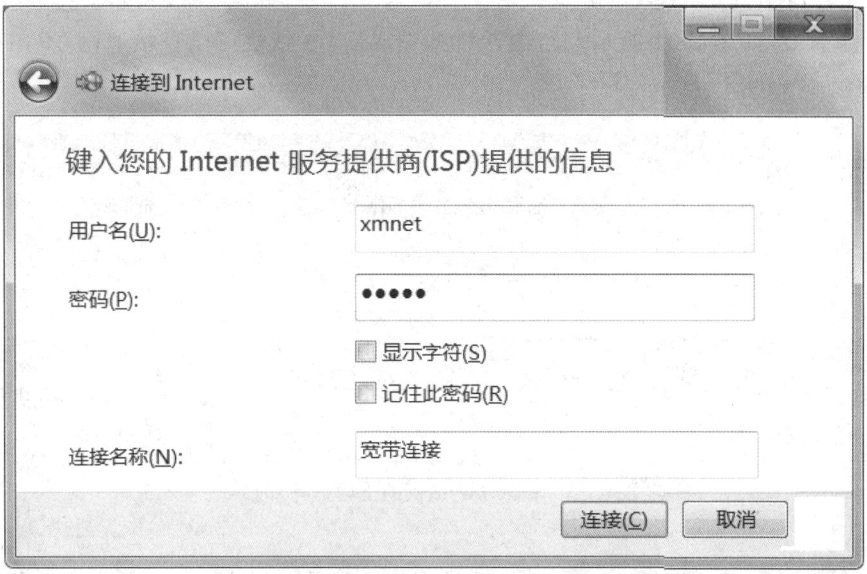

图 2-31　输入 ISP 服务商提供的用户名和密码

2. 无线路由器设置

运营商提供的入户线路为光纤,需要配合光纤调制解调器(Modem)使用。如果入户线路为电话线,需要配合 ADSL Modem 使用,一般是中国电信的宽带线路,由运营商(如长城宽带)或小区宽带通过网线直接给用户提供宽带服务。

要想实现无线局域网上网,首先要设置无线路由器。不同品牌的路由器,其设置方法不同,需要参考该产品的说明书。但默认的内部 IP 地址一般为 192.168.1.1 或 192.168.0.1。在浏览器中输入 IP 地址后,则会打开无线路由器设置窗口,单击右边窗格中的"设置向导",首先选择的是上网方式。如果是 ADSL 拨号上网方式,需要选择 PPPoE;如果是以太网宽带,则可以选择动态 IP 或静态 IP 方式,如图 2-32 所示。

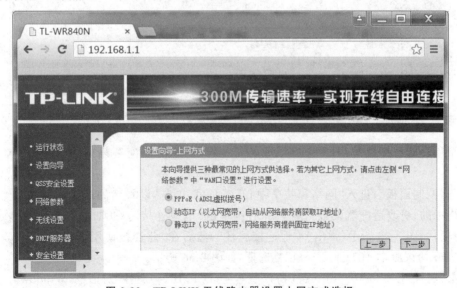

图 2-32　TP-LINK 无线路由器设置上网方式选择

　　然后按照导航提示，输入 ISP 提供的上网账号和口令，如图 2-33 所示。接着设置无线网络的路由器参数，如图 2-34 所示。路由器设置完成后，电脑就可以直接上网，不用再使用"宽带连接"来进行拨号了。

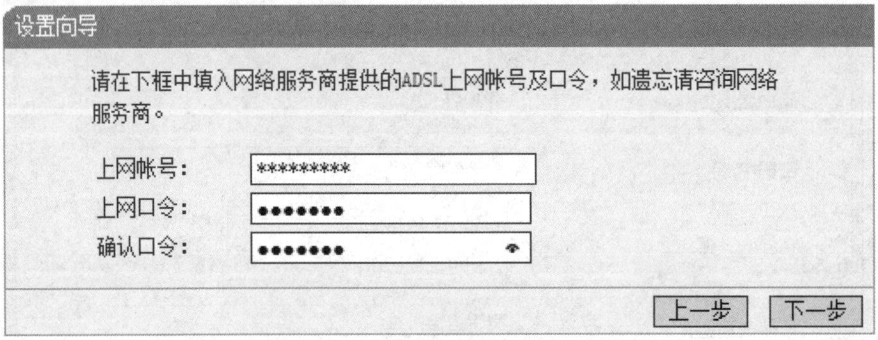

图 2-33　输入 ISP 提供的上网账号和口令

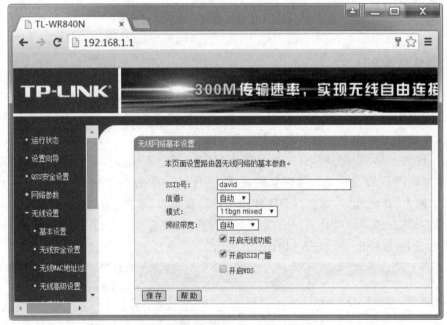

图 2-34　无线网络路由器基本参数

3. 配置 IP 地址

　　如果用户的计算机采用的是以太网宽带入网，一般需要配置静态 IP 地址或者动态 IP 地址。

　　打开"控制面板"，进入"网络和共享中心"界面后，单击"设置新的连接或网络"，然后单击左侧窗格中的"更改适配器设置"，将鼠标右键单击"本地连接"，在弹出的选项当中，选择"属性"菜单项，如图 2-35 所示，弹出"本地连接属性"，然后在"此连接使用下列项目"列表框中选中"Internet 协议版本 4（TCP/IPv4）"复选框，如图 2-36 所示。

　　单击"属性"按钮，弹出"Internet 协议版本 4（TCP/IPv4）属性"对话框，Windows 7 默认是

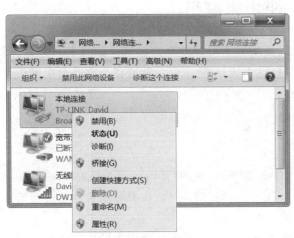

图 2-35　选择"属性"菜单项　　　　图 2-36　选中"Internet 协议版本 4(TCP/IPv4)"

将本地连接设置为自动获取网络连接的 IP 地址,一般情况使用 ADSL 路由器等都无须修改。

如果需要固定 IP 设置,则选中"使用下面的 IP 地址"和"使用下面的 DNS 服务器地址"单选钮,分别将网络服务商分配的 IP 地址、子网掩码、默认网关和 DNS 服务器地址输入相应的地址框中,然后单击"确定"按钮即可完成配置,如图 2-37 所示。

4. 连接无线网络

目前用户的计算机具有无线网络适配器,且位于网络覆盖范围内时,则可以在任务栏的通知区域中看到一个无线网络图标📶。单击该无线网络图标,弹出无线网络列表,单击要连接的网络,然后单击"连接",如图 2-38 所示。

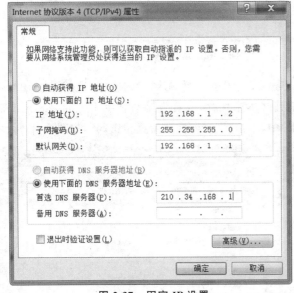

图 2-37　固定 IP 设置　　　　　　图 2-38　连接无线网络

2.5　使用家庭组

家庭组是以家庭成员为单位组成的、局域网络上可以共享文件和打印机的一组计算机。只要家庭中几台电脑中安装的都是 Windows 7 系统，利用家庭组就可以为这几台电脑搭建一个迷你型的局域网，使共享变得简单、安全。

2.5.1　创建家庭组

在 Windows 7 系统中创建家庭组的方法很简单，首先，在其中一台 Windows 7 电脑上单击"开始"按钮，打开"控制面板"，在"网络和 Internet"下，单击"选择家庭组和共享选项"，或在搜索框中输入"家庭"就可以找到并打开"家庭组"选项。

在"家庭组"窗口中单击"创建家庭组"，如图 2-39 所示，然后在出现的新对话框中勾选要共享的项目，如图 2-40 所示。Windows 7 家庭组可以共享的内容很丰富，包括文档、音乐、图片、打印机等，几乎覆盖了电脑中的所有文件。

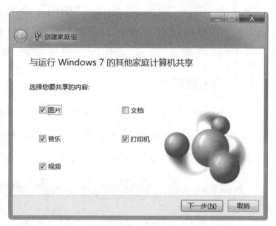

图 2-39　创建家庭组　　　　　　图 2-40　选择"家庭组"中要共享的项目

选择共享项目之后，单击"下一步"，Windows 7 会生成一串无规律的字符，这就是家庭组的密码，如图 2-41 所示。可以把这串密码复制到文本中保存，或者直接写在纸上。如果忘记或需要修改此密码，可以在"控制面板"的"家庭组"中，单击"查看或修改家庭组密码"，如图 2-42 所示。

图 2-41　生成的家庭组密码　　　　　　图 2-42　"家庭组"密码的查看或修改

2.5.2　加入家庭组

　　想要加入已有的家庭组,同样先从"控制面板"中打开"家庭组"设置,当系统检测到当前网络中已有家庭组时,原来显示"创建家庭组"的按钮就会变成"立即加入"。

　　在要添加到该家庭组的每台计算机上执行下列步骤:

　　(1)单击打开"家庭组"。

　　(2)单击"立即加入"按钮,如图 2-43 所示。

　　(3)加入时需要使用家庭组密码,可以从创建该家庭组的用户那里获取该密码。

　　(4)出现"加入家庭组"对话框,单击"完成",如图 2-44 所示。

　　加入家庭组后,计算机上的所有用户账户都可以成为该家庭组的成员。

　　如果未看到"立即加入"按钮,则可能没有家庭组,请确保事先已有人创建了一个家庭组,也可自行选择创建家庭组。

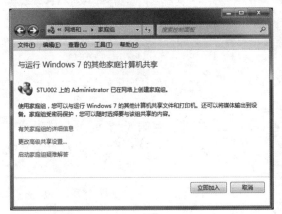

图 2-43　"立即加入"家庭组

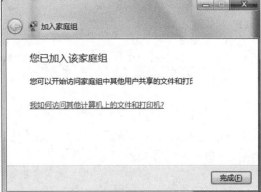

图 2-44　"完成"加入家庭组

2.5.3　"与运行 Windows 7 的其他家庭计算机共享"页

　　设置家庭组时,选择要与该组中的其他人共享的库和打印机。

　　在属于该家庭组且具有要共享库的计算机上执行下列步骤:

　　(1)单击打开"家庭组"。

　　(2)在"共享库和打印机"下,选中要共享的每个库的复选框,然后单击"保存更改"(图 2-45)。

　　若要共享已创建的其他库,请执行下列步骤:

　　(1)单击"开始"按钮,然后单击用户名(图 2-46)。

　　(2)选择要共享的库,然后在工具栏中单击"共享对象"。

　　(3)选择共享对象。

图 2-45　共享库文件夹　　　　　图 2-46　已加入"家庭组"的计算机

提示：必须是运行 Windows 7 的计算机才能加入家庭组，所有版本的 Windows 7 都可使用家庭组。在 Windows 7 简易版和 Windows 7 家庭普通版中，可以加入家庭组，但无法创建家庭组。

2.5.4　通过家庭组传送文件

家中所有电脑都加入家庭组后，展开 Windows 7 资源管理器左侧的"家庭组"目录，就可以看到已加入的所有电脑了。只要是加入时选择了共享的项目，都可以通过家庭组自由复制和粘贴，与本地的移动和复制文件一样。

实验项目 3   Word 2010 基本应用

Word 2010 是 Microsoft Office 2010 套装软件中的一员,用于中文 Windows 操作系统。Word 集文字编辑、排版、图形、表格、计算等功能为一体,功能强大,操作简单,界面直观,所见即所得,是 Windows 环境下最受欢迎的软件之一。

本实验项目主要介绍 Word 的文字编辑和排版、表格和图形图片处理的知识要点,并安排一些基础性和综合性实验案例,以提高学生的实际操作能力,熟练使用 Word 制作常用文档。

3.1   普通文档制作

3.1.1   启动和退出 Word

Office 中的套装软件(Word,Excel,PowerPoint 等)的启动方法都是一样的,可单击任务栏的"开始"按钮,通过菜单操作,或双击 Windows 桌面上快捷方式图标。

Office 2010 采用功能区新界面主题,简洁明快。Word 2010 操作窗口的区域划分,如图 3-1 所示,其中,快速访问工具栏默认包含"保存""撤销""恢复"3 个工具按钮,可根据需要添加;"文件"按钮用于打开菜单,内含保存、打开、新建、打印等命令;选项卡标签用于切换功能

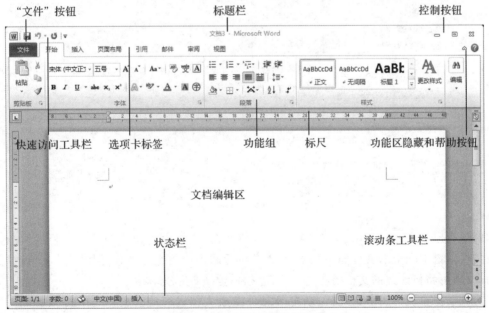

图 3-1   Word 2010 的窗口组成

区,功能区放置编辑文档所需的功能并划分为多个功能组;状态栏用于显示当前文档的页数、状态、视图方式、显示比例等内容。

退出 Office 中的套装软件的方法也都是一样的,可以单击窗口右上角的"关闭"按钮,或单击"文件"菜单的"退出"命令。操作系统在关闭 Word 前,会检查当前文档是否更新过且尚未保存,若是,将弹出对话框询问是否加以保存。

3.1.2 创建、保存、打开和关闭文档

启动 Word 时系统自动在 Word 窗口创建一个新文档,默认文件名为"文档 1"。如果 Word 窗口已经打开,可以单击"文件"菜单中的"新建"命令,在打开的界面中选择"空白文档"并单击右下角的"创建"按钮。

输入或更改文档内容后,需要对文档加以命名并将其保存到内存上,形成扩展名为 docx 的 Word 文件,以便下次使用。保存文档的方法可分为以下几种:

(1)保存新建文档。单击快速访问工具栏的"保存"按钮或使用"文件"菜单的"保存"或"另存为"命令,均可打开"另存为"对话框,如图 3-2 所示,供用户指定保存位置、文件名和类型。

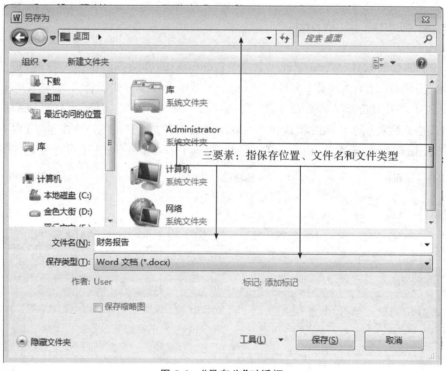

图 3-2 "另存为"对话框

(2)保存已有文档。使用"文件"菜单的"保存"命令,或单击快速访问工具栏的"保存"按钮,或按快捷键 Ctrl+S,文档原有内容将被更新后的内容覆盖。若使用"文件"菜单的"另存为"命令,则可将修改过的文档另存为一个新文件,原文件不变。

(3)自动保存。为了防止死机、断电等意外造成文档内容的丢失,Word 提供每隔一定的时间间隔自动保存文档的功能。这项功能可使用"文件"菜单"选项"下的"保存"项进行设置。

打开文档是将保存在磁盘上的对应文件导入内存,在 Word 窗口显示文档内容。可使用

"文件"菜单的"打开"命令,在"打开"对话框指定要打开的文件,进而对文档进行浏览、编辑、排版等操作。

　　除了用前面介绍的退出 Word 应用程序的方法关闭文档外,还可以选择"文件"菜单的"关闭"命令来关闭当前文档。

3.1.3　输入键盘上没有的符号

　　Word 最基本的操作就是输入文本并进行编辑修改,对于键盘上没有的符号,可用以下方式输入:

　　(1)对于常用的中文标点符号,可切换到某一中文输入法(比如智能 ABC 输入法),直接按键盘上的标点符号键。

　　(2)使用"软键盘"输入。选择一种汉字输入法,右键单击输入法状态条的"软键盘"按钮,选用"PC 键盘"之外的其他种类,可插入一些常用符号,如图 3-3 所示,插入完毕,单击"软键盘"按钮关闭软键盘。

　　(3)使用功能区"插入"选项卡的"符号"组。单击"符号"命令右侧的下拉按钮并选择"其他符号"可打开"符号"对话框,如图 3-4 所示,选中要插入的符号或字符,如版权符"©"、注册符"®"、节标记"§"等。

图 3-3　"数学符号"软键盘

图 3-4　"符号"对话框

　　(4)在文档中插入数学公式。Word 2010 提供了内置的预设公式(包括二次公式、二项式定理等)供用户直接选定并插入文档中。此外,可使用"插入"选项卡"符号"组的"公式"按钮,利用公式编辑器手动输入所需的公式。

3.1.4　选定要编辑的文本

　　在对文档的某些内容进行编辑之前,先要选定执行操作的文本范围。

1. 在文档编辑区选定文本

　　(1)单击:移动插入点。

　　(2)双击:选取光标所在位置的单词。

　　(3)Ctrl+单击:选取光标所在位置的一个句子。

（4）三击：选取光标所在位置的整个段落。

（5）拖动：选择从拖动开始到结束（释放鼠标左键），光标所经过的文本。

（6）Ctrl＋拖动：用于选择多个不连续的文本块。先选定一块文本，按住 Ctrl 键同时拖动鼠标选取其他文本块，如图 3-5 所示。

（7）Shift＋单击：用于选定跨页的长文本块。单击开始处，滚动页面直至出现结束处，按住 Shift 同时单击结束位置。

（8）Ctrl＋A：选取整个文档。

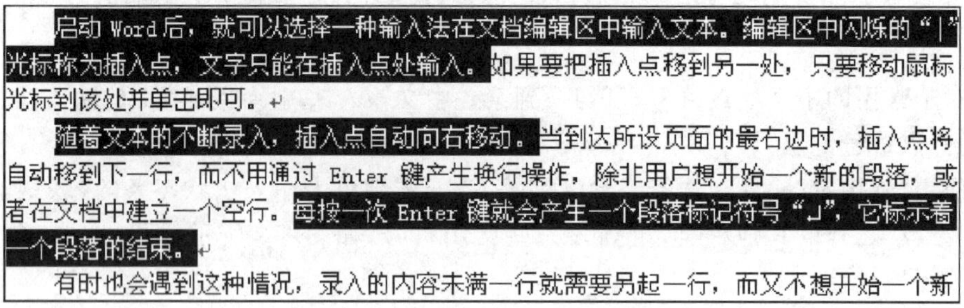
启动 Word 后，就可以选择一种输入法在文档编辑区中输入文本。编辑区中闪烁的“|”光标称为插入点，文字只能在插入点处输入。如果要把插入点移到另一处，只要移动鼠标光标到该处并单击即可。↵

随着文本的不断录入，插入点自动向右移动。当到达所设页面的最右边时，插入点将自动移到下一行，而不用通过 Enter 键产生换行操作，除非用户想开始一个新的段落，或者在文档中建立一个空行。每按一次 Enter 键就会产生一个段落标记符号“↵”，它标示着一个段落的结束。↵

有时也会遇到这种情况，录入的内容未满一行就需要另起一行，而又不想开始一个新

图 3-5　选定多个不连续的文本块

2. 在选择栏选定文本

选择栏（或称文档选定区）是文档窗口工作区左侧的狭长域，在其内鼠标指针呈右向倾斜箭头。

（1）单击：选中鼠标所指的那一行。

（2）单击并向上或向下拖动：选择多行文字。

（3）双击：选中鼠标所指的段落。

（4）三击：选中整个文档。

（5）Ctrl＋单击：选中整个文档。

3.1.5　文字编辑、撤销或恢复上一次操作

1. 移动或复制文本

在同一屏幕内（短程）的移动或复制可使用鼠标拖放法实现快速的移动或复制。方法是，先选定要移动或复制的文本，将鼠标光标指向选定内容，并用左键拖放到目标位置，即可实现移动。若要复制选定内容，应按住 Ctrl 键再进行拖放。

如果是同一文档中远程的移动复制或文档之间的移动复制，用鼠标拖动就不方便了，可使用“开始”选项卡“剪贴板”组中的“剪切”或“复制”及“粘贴”命令进行操作。

单击“开始”选项卡“剪贴板”组右下角的对话框启动器按钮，可打开“剪贴板”窗格，该窗格保留了最近 24 次剪切或复制的内容，用户可从中选择并粘贴。

2. 查找与替换

人工查找和替换文章中错误或不贴切的文字是很费时费力的。Word 提供在选定范围内

或全文中查找和替换某一指定文本的功能,使用"开始"选项卡"编辑"组的"查找"或"替换"命令打开"查找和替换"对话框进行操作。

查找过程中如果要使用通配符(如"＊"代表任意字符串,"?"代表任意单个字符)、查找特殊字符(如段落标记、分页符)、查找指定格式的文本等,可单击对话框的"高级"按钮展开"搜索选项"栏下方的若干选项或按钮进行设置。

3. 删除文本

按键盘上的 Backspace 键是删除插入点光标之前的文字,按 Delete 键是删除光标之后的文字。删除已选定的文本区域,两个键的效果相同。

4. 撤销或恢复上一次操作

在编辑的过程中有时会发生误操作,如误删了一段文本或文本粘贴的位置出错等,可以单击快速访问工具栏的"撤销"按钮使其恢复原样。反复按"撤销"按钮将依次撤销在此之前执行的若干命令。单击"撤销"按钮右侧的下拉按钮"▼"将打开撤销操作下拉列表,可从中选择要撤销的操作。

"恢复"按钮是还原用"撤销"命令撤销的操作。用户经常会因为单击"撤销"按钮过快或其他原因导致撤销了不该撤销的操作,这时就可用"恢复"命令加以还原。

3.1.6 页面设计

Word 文档建立并编辑修改完毕后,接下来一项重要工作就是对文档做排版修饰并输出。文档的排版主要包括页面设计、段落格式化和字符格式化。

页面设计主要包括文档输出所使用的纸张大小、文档的页边距、每页的行数和每行字数、文档的页眉和页脚等。

1. 设置页眉和页脚

页眉和页脚是文档页面顶部和底部的一块特殊区域,其内容可以是页码、日期、文章的标题、作者姓名或公司徽标等文字或图形,在普通书籍或杂志的页面上都很常见。Word 2010 内置了 20 余种页眉和页脚样式,用户可快速套用预设样式进行设置,以节省文档编排时间。页眉和页脚的设置方法相同,以页眉设置为例,基本方法如下:

(1)使用"插入"选项卡"页眉和页脚"组的"页眉"命令,可从下拉列表中选用一种内置样式。若在下拉列表中选择"编辑页眉",则可自主编辑页眉。

(2)进入页眉/页脚编辑状态,文档窗口中的文本呈灰色显示,并激活"页眉和页脚工具—设计"选项卡,如图 3-6 所示。使用"插入"组中的命令可以为页眉/页脚插入图片、日期、时间等内容;"选项"组的命令可设置首页不同、奇偶页不同等效果;"导航"组的命令可以切换页眉和页脚,如果文档分为多节,可为不同节设置不同的页眉/页脚。

(3)单击"页眉和页脚工具—设计"选项卡的"关闭页眉和页脚"按钮回到文档编辑状态。

(4)完成页眉和页脚的创建后,双击页眉或页脚区域可再次进入页眉/页脚编辑状态。如果要删除所设置的页眉/页脚,在"页眉和页脚工具—设计"选项卡单击"页眉"或"页脚"按钮并在下拉列表选择"删除页眉"或"删除页脚"。

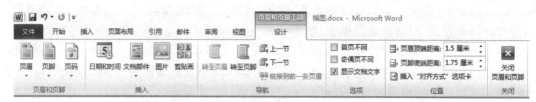

图 3-6　"页眉和页脚工具—设计"选项卡

2. 插入页码

多页文档通常需要添加页码。如果只是单纯地进行页码编排而不设置其他的页眉和页脚内容，可以直接使用"插入"选项卡"页眉和页脚"组"页码"命令的下拉列表，选择页码在页面的位置（页面顶端或底端）和样式。若选择"设置页码格式"命令打开"页码格式"对话框，可进一步设置页码的编号格式等细节。

3. 页面设置

打开"页面布局"选项卡，如图 3-7 所示。选择"页面设置"组中的命令，可设置文字方向、页边距、纸张方向、纸张大小等；若单击"页面设置"组右下角的对话框启动按钮可打开"页面设置"对话框，如图 3-8 所示，其中"页边距"选项卡可设置页面上 4 个方向的页边距、打印方向等，"页边距"指打印文本与纸张边缘的距离；"纸张"选项卡可根据实际情况和需求设置纸张的

图 3-7　"页面布局"选项卡

大小等；"版式"选项卡可设置页眉和页脚为"奇偶页不同"等；"文档网格"选项卡可指定每页的行数和每行的字数、文字排列方向等。

一般而言，应该先设置纸张的大小和页边距等选项，再进行文档的编排。如果在文档编排后再进行设置，往往会破坏调整好的版面或图片与文字的相应位置。

4. 设置文档背景

Word 2010 除了可以给文档背景添加颜色外，还包括填充渐变色、纹理、图案，以及文字或图片水印等，以增强文档页面的美观性。

打开"页面布局"选项卡"页面背景"组的"页面颜色"命令，可选择一种颜色作为页面背景色，如果单击"填充效果"，将进一步打开"填充效果"对话

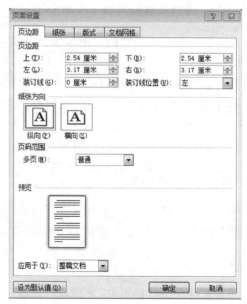

图 3-8　"页面设置"对话框

框,如图 3-9 所示,可从中设置渐变、纹理、图案或图片作为背景。在"页面背景"组中选择"水印"命令,可从中选择一种预设的水印,或者单击"自定义水印"命令打开"水印"对话框,如图 3-10 所示,自行设置文字水印或图片水印,也可以选择"删除水印"。

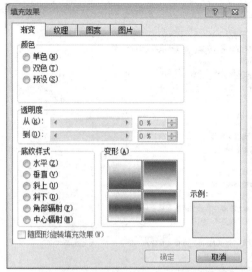

图 3-9 "填充效果"对话框

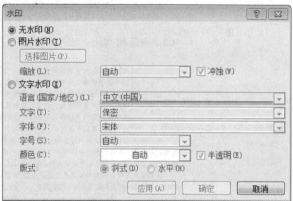

图 3-10 "水印"对话框

3.1.7 段落格式化

若干句子构成段落。输入文字时,按 Enter 键,Word 会自动插入一个段落结束标记并开始一个新段落。段落的编排格式很大程度上决定了文档的输出效果。

1. "开始"选项卡的"段落"组

使用"开始"选项卡的"段落"组的命令可以设置段落的项目符号或增加编号、减少或增加段落缩进量、对齐方式、行和段落间距、加底纹和边框、特殊的中文版式等。单击"段落"组右下角的对话框启动按钮可打开"段落"对话框,如图 3-11 所示,用于设置段落的对齐方式、段落的缩进方式、行距、段间距等。

2. "页面布局"选项卡的"段落"组

使用"页面布局"选项卡的"段落"组的命令可设置段落的左右缩进量和段前段后之间的距离,单击"段落"组右下角的对话框启动按钮也可以打开"段落"对话框。

在"视图"选项卡选中"标尺",在页面视图等视图方式下文档窗口会显示水平和垂直标尺。水平标尺上有 4 个缩进标记分别对应首行缩进、悬挂缩进、左缩进和右缩进,拖动水平标尺上的滑块也可设置段落缩进。

注意,不要把页边距与段落的缩进混起来,段落的缩进是

图 3-11 "段落"对话框

从文本区开始计算缩进的距离。图 3-12 表示了左缩进、右缩进、页边距、页眉和页脚之间的位置关系。

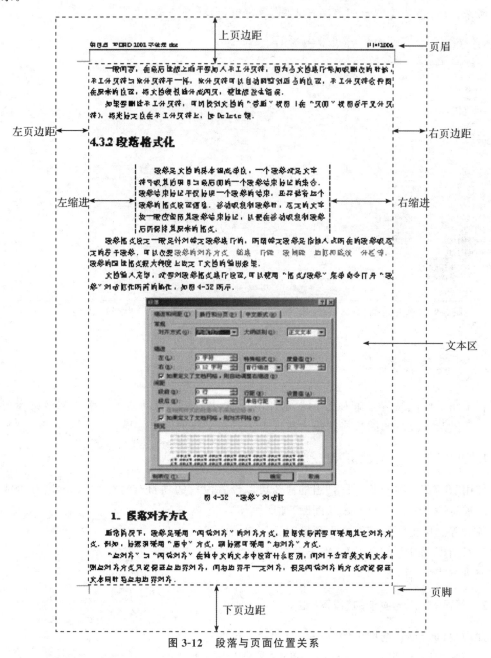

图 3-12　段落与页面位置关系

3. 段落的边框和底纹

为突出某个重点段落，可以为段落添加边框和底纹。边框和底纹不仅可以应用于段落的编排之中，还可以用在字句、表格、图形、页面等其他对象之中。

操作方法是，选中要设置的段落，使用"页面布局"选项卡"页面背景"组的"页面边框"命令打开"边框和底纹"对话框进行设置，如图 3-13 所示。

图 3-13　"边框和底纹"对话框

4. 项目符号和段落编号

在文档处理时,往往需要在文档的段落前加入适当的项目符号和段落编号,以提高文档的层次感和条理性,方便阅读。方法是,选定要编号或设置项目符号的若干段落,在"开始"选项卡"段落"组中单击"项目符号"或"编号"按钮(再次单击则为取消操作)。

如果要选用其他形式的项目符号或编号,则可以使用"项目符号"或"编号"按钮的下拉列表,在"项目符号库"或"编号库"中选择。如果单击下拉列表中的"定义新项目符号"或"定义新编号格式"命令,进一步打开对话框,如图 3-14 和图 3-15 所示,可自行选定某一符号或小图片作为项目符号,或者设置更多样化的编号格式。

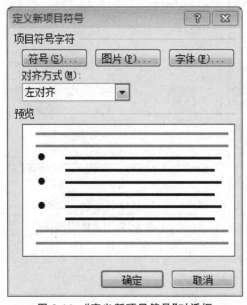

图 3-14　"定义新项目符号"对话框

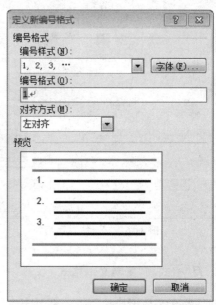

图 3-15　"定义新编号格式"对话框

5. 分栏排版

在报纸杂志上，文章排版时的分栏操作随处可见。分栏可以将长行的文字分成多栏，方便阅读并节省版面空间。方法是，选定欲进行分栏操作的若干段落，执行"页面布局"选项卡"页面设置"组的"分栏"命令，在下拉列表中选择，或进一步使用"更多分栏"命令打开"分栏"对话框进行栏数、宽度和间距等各项设置，如图 3-16 所示。分栏效果只在"页面"视图显示。

6. 首字下沉

首字下沉可把文章中任一段落的第一行第一个字放大数倍，起到醒目作用，常在文档或章节的开头使用。使用"插入"选项卡"文本"组的"首字下沉"命令进行设置，有下沉和悬挂两种效果。

3.1.8 字符格式化

字符格式化通常包括设置字体、字形（加粗、倾斜等）、字号、字符加下划线、边框和底纹，另外还可以缩放字符、设置文本效果等。

1. 文本格式设置

使用"开始"选项卡"字体"组中的一系列命令，可以设置字体、字号、字形（加粗、倾斜等）、下划线、边框、底纹、字体颜色、文本效果等，其中"文本效果"功能是 Word 2010 新增功能，可对文本的轮廓、阴影、映像等效果进行编辑，使普通文字拥有艺术效果。若单击"字体"组右下角的对话框启动按钮，可打开"字体"对话框，如图 3-17 所示，进行文字效果、字符间距等设置。

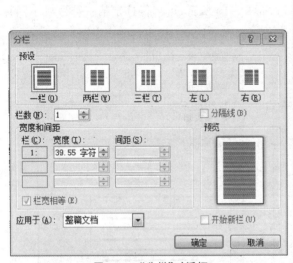

图 3-16 "分栏"对话框

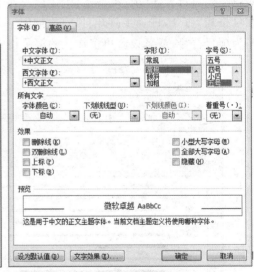

图 3-17 "字体"对话框

2. 用"格式刷"复制文本格式

如果要在文档中快速地将一部分文本的格式复制给另一部分文本，可以使用格式刷。方法是,选定已设置格式的文本,单击"开始"选项卡"剪贴板"组的"格式刷"按钮,将鼠标指针(呈刷子形)从要复制格式的文本开始处拖到结束处,释放鼠标。

双击"格式刷"按钮可重复多次使用格式刷,再次单击该按钮取消"格式刷"功能。

3.1.9 打印文档

文档编辑完成后,一项常规性的工作就是文档打印。打印前一般要利用 Word 提供的"打印预览"功能查看文档的实际打印效果,若有不满意之处,还可以修改后再打印输出。

Word 2010 一改以往 Word 版本中"打印预览"窗口与"打印"对话框分开的状况,而将这两部分合二为一。单击"文件"按钮并在下拉菜单中选择"打印",展开"打印"界面,如图 3-18所示,该界面左侧用于设置打印选项,包括对打印机、打印份数、要打印的页面、打印方向、纸张大小、页边距等的设置,右侧为待打印文档的页面预览视图,单击视图右下角的按钮可改变视图的显示比例,单击预览视图左下角的按钮可切换预览视图中当前显示的页面内容。完成所有设置后单击"打印"按钮。

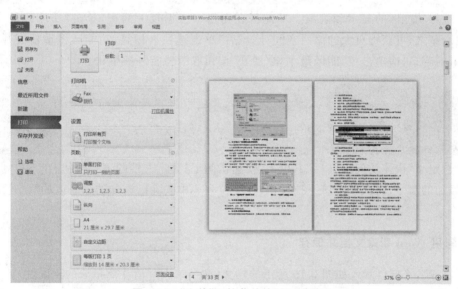

图 3-18 "文件"下拉菜单的"打印"界面

【实验任务 3-1】文档的基本编辑操作

实验目标

(1)熟悉 Word 窗口各组成部分。

(2)熟练掌握文档的创建、保存、打开、关闭等操作。

(3)练习把 Word 文档格式转换为 PDF 文件格式。

(4)熟练掌握 Word 基本编辑操作(文本的选定、插入、删除、复制、移动等)。

(5)练习特殊字符和数学公式的输入。

(6)掌握撤销或恢复、查找和替换等操作。

实验内容与操作提示

1. 在本地机创建文件夹存放实验中的文件

使用实验项目 1 所学知识,利用"资源管理器"或"我的电脑"在 D 盘上建立名为"Word 操作"的文件夹,用于存放实验中生成的 Word 文件及其他相关文件。

2. 了解并熟悉 Word 窗口的各种要素

(1)启动 Word 2010,在 Word 窗口的功能区打开并浏览各选项卡,了解选项卡的组织结构及其功能组中各命令的功能。

> 提示:将鼠标指针指向某个命令按钮,稍停顿,系统将提示该命令按钮的名称和功能概要。

(2)练习功能区的显示和隐藏。功能区在窗口中占据较大面积,单击"功能区最小化/展开"按钮隐藏之,可获得更大的编辑空间;隐藏后,单击选项卡标签,功能区将重新展开并显示该选项卡内容;再次单击"功能区最小化/展开"按钮取消功能区最小化。

> 提示:在功能区中双击当前打开的选项卡标签也能够隐藏/显示功能区。在功能区中右击鼠标,用快捷菜单也能设置。

(3)自定义"快速访问工具栏"。单击"快速访问工具栏"末端的下拉按钮,在下拉列表中选择需要添加的命令;再次单击该下拉按钮,在下拉列表中去除已添加的命令前的"√"可删除该命令。

3. 利用 Word 新建文档并保存

(1)在 Word 窗口录入如图 3-19 所示的样文(文字录入时请注意指法的正确性)。

(2)使用"视图"选项卡选中"标尺"命令,练习标尺的隐藏或显示。单击"文件"按钮在下拉列表中选择"选项"打开"Word 选项"对话框并切换到"显示"栏,在"始终在屏幕上显示这些格式标记"区域取消"段落标记"复选框,并单击"确定";再次选中"段落标记"复选框重新显示段落结束标记。

> 提示:Office 应用程序窗口操作中,诸如"显示"和"隐藏"、"设置"和"取消"等功能相反的操作,根据当前的操作状态其操作命令往往在同一位置。

(3)使用 Word 窗口状态栏右端的"显示比例"按钮,调整文档的显示比例。

(4)使用"文件"下拉菜单的"另存为"命令将新建的文档保存在"D:\Word 操作"子文件夹中,文件名为"实验 3-1. docx"。

(5)使用"文件"菜单的"退出"命令退出 Word 2010。

办公集成软件 Office2010 简介

Office2010 中文版是微软公司推出的集成办公软件，它在原有中文版的基础上增加了强大的 Internet 等方面的功能，使办公软件与网络应用的结合达到了一个新的高度。

Office2010 主要包括 word、Excel、PowerPoint、Access 和 Outlook 等应用软件。Office 的家族成员具有 windows 应用程序的共同特点，如易学易用，操作方便。有形象的图形界面，有方便的联机帮助功能，提供实用的模扳，支持对象链接与嵌入 (OLE) 技术等。

1. Word——办公自动化中最常用的应用程序

主要用于日常的文字处理，如编辑信函、公文、简报、报告、学术论文、个人简历、商业合同等，具有各种复杂文件的处理功能，它不仅允许以所见即所得的方式完成各种文字编辑、修饰工作，而且很容易在文本中插入图形、艺术字、公式、表格、图表以及页眉页脚等元素。

2. Excel——专为数据处理而设计的电子表格程序

它允许人们在行、列组成的巨大空间中轻松地输入数据和计算公式，实现动态计算和统计。该程序还提供了大量用于统计、财会等方面的函数。

3. Powerpoint——幻灯片演示文稿制作程序

幻灯片演示文稿中可以拥有文字、数据、图表、声音、图像以及视频片段，它可广泛用于学术交流、教学活动、形象宣传和产品介绍等。若设计得当，可以获得极为生动的演示效果。

图 3-19　文档样文

4. 练习特殊符号输入、字块选定、移动或复制、撤销或恢复等操作

(1)在"Windows 资源管理器"窗口中找到并双击已保存的文件"实验 3-1. docx"，将其打开，把光标定位在文档倒数第 7 行中的文字"……页眉页脚等元素。"后并回车，插入一个新段落，输入如下内容：

使用"插入"选项卡的"符号"功能组的"符号"命令，可以方便地编辑含有 $\sum$、$\cong$、∞、$\oint$、★、

✪、◉、☑ 等特殊符号的文档内容。

> 提示：其中的特殊符号既可使用"符号"命令也可使用"软键盘"输入。例如，选用紫光拼音输入法，右键单击输入法状态条上的软键盘按钮，选用"数学符号"软键盘。

(2)使用"文件"菜单"另存为"命令将文件另存为"实验 3-2. docx"，仍保存在"D:\Word 操作"子文件夹中（注意，实验 3-1. docx 未被更新）。

(3)使用"文件"菜单"打开"命令打开"实验 3-1. docx"文件，利用"开始"选项卡"剪贴板"组的"复制"和"粘贴"命令将"实验 3-2. docx"中刚插入的新段落复制到"实验 3-1. docx"中同样的位置。

> 提示：利用 Windows 的任务栏，或 Word 的"视图"选项卡"窗口"组中的"切换窗口"命令均可在打开的两个文档间切换。

(4)在"实验 3-1. docx"中，将新增的段落选定，并用鼠标拖放的方法将其复制到全文末尾。将文档的最后一段选定后再将其删除，尝试使用快速访问工具栏加以"撤销"并再次"还原"。

5. 练习在文档中插入数学公式

切换到"实验 3-2. docx"文档，在刚插入的新段落之后，再输入如图 3-20 所示的内容，其中，数学公式的编辑方法如下：

在 Word2010 中，使用"插入"选项卡"符号"组的"公式"命令，可直接插入内置的预设公式。此外，用户可单击"公式"下拉列表中的"插入新公式"，展开"公式工具-设计"选项卡编辑数学公式，例如：

$$f(x) = \lim_{x \to 0} \frac{\int_0^x cos^2 t dt}{x}$$

图 3-20　文档内容

（1）将插入点定位在要插入公式的位置，使用"插入"选项卡"符号"组"公式"下拉列表中的"插入新公式"，功能区打开"公式工具—设计"选项卡，如图 3-21 所示，插入点光标处出现"在此处插入公式"编辑框。

图 3-21　"公式工具—设计"选项卡

（2）通过键盘输入公式的开头部分"$f(x) =$"；单击选项卡的"结构"组"极限和对数"下拉列表中的"极限"结构样式，将光标定位在"lim"下方的输入框并输入"$x \to 0$"，其中"→"可在"符号"组的列表中选择。

（3）将光标定位在"lim"后的输入框，选择"分数"下拉列表的"分数（竖式）"结构样式，将光标定位在分数线上方的分子输入框，而后选取"积分"下拉列表的"积分"样式，将光标分别定位在积分下限和上限输入框并输入"0"和"x"，按键盘上的光标移动键"→"键，再选择"上下标"下拉列表的"上标"样式，输入"cos"再输入幂次"2"，按键盘上的"→"键后，输入"$t\,dt$"，完成分式分子部分的输入。接着将光标定位在分数线下方输入框，输入分母"x"。最后在公式编辑框外单击鼠标退出编辑状态。

（4）Word 2010 的公式可以像普通文字一样设置公式的大小、颜色、对齐方式等。例如，单击公式再次进入编辑状态，单击编辑框左上角按钮选中公式，使用"开始"选项卡"字体"组，设置"加粗""倾斜""红色""四号字"，效果如图 3-20 所示。

6. 练习查找和替换操作

（1）将"实验 3-2. docx"文档内容中的"微软"替换为"MICROSOFT"，再将"MICROSOFT"替换成"Microsoft"。

> 提示：使用"开始"选项卡"编辑"组的"替换"命令，第二次替换要单击"查找和替换"对话框左下角的"更多"按钮，在展开的"搜索选项"下选中"区分大小写"。

（2）将文档中的所有英文字母改为带有下划线的大写英文字母。

提示：将插入点定位在对话框"替换"选项卡的"查找内容"框，单击"特殊格式"按钮后选择"任意字母"选项，在"查找内容"框以"^$"显示；将光标置于"替换为"框，单击"格式"按钮打开"字体"对话框，选择一种下划线线型并选中"全部大写字母"选项，设置后如图 3-22 所示。如果对格式的限定有误，可选择"不限定格式"按钮，取消后重新设置。

图 3-22 "查找和替换"对话框

（3）在全文删除所找到的"应用"一词。

提示：在对话框的"替换"选项卡的"查找内容"框键入"应用"，将"替换为"框内清空，单击"全部替换"按钮。

（4）保存对"实验 3-2. docx"的修改并关闭本文档；不保存"实验 3-1. docx"的修改，并退出 Word。

7. 把 Word 文档格式转换为 PDF 格式

PDF(portable document format,便携式文档格式)文件是一种跨平台、轻便式的文件格式，打印的内容可以精确地显示原来 PDF 文件中的每一个像素，成为在 Internet 上进行电子文档发行和数字化信息传播的理想文档格式。越来越多的电子图书、产品说明、公司文告等开始使用 PDF 格式文件。将编辑排版完毕的 Word 文档保存成 PDF 格式可以有效地防止误操作或他人擅自修改文档。

（1）打开"实验 3-2. docx"，在"文件"下拉菜单选择"保存并发送"选项，然后选择"创建 PDF/XPS 文档"命令，如图 3-23 所示，再单击右侧的"创建 PDF/XPS"按钮。

（2）在打开的"发布为 PDF 或 XPS"对话框中选定保存在"D:\Word 操作"子文件夹，文件

图 3-23　创建 PDF/XPS 文档

名为"实验 3-2.PDF"，单击"发布"按钮完成操作。

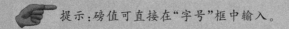 提示：文档转换为 PDF 格式后将无法再使用 Office 2010 应用程序进行编辑修改，需要查看时可使用 PDF 文档查看器。

【实验任务 3-2】文档的格式化处理及打印

实验目标

(1)熟练掌握文档的总体版面设计。

(2)熟练掌握段落格式化的基本操作。

(3)熟练掌握文本格式化的基本操作。

(4)熟悉文档的预览与打印输出。

实验内容与操作提示

1. 大字广告的制作

图 3-24 所示是经常张贴在图书馆等场所的大字广告，其制作方法如下：

(1)启动 Word，在空白文档中输入"请自觉保持"和"静"两个段落。

(2)使用"开始"选项卡"字体"组，将"请自觉保持"设置为隶书、80 磅、深红色，"静"设置为方正舒体、400 磅、深蓝色。

提示：磅值可直接在"字号"框中输入。

（3）选中两行文字，使用"页面布局"选项卡"页面设置"组"文字方向"下拉列表中的"垂直"命令将文字的方向改为竖排。

（4）使用"页面背景"组"页面边框"命令打开"边框和底纹"对话框，选用一种"艺术型"边框，效果如图 3-24 所示。

（5）将结果保存在"D:\Word 操作"文件夹中，文件名为"实验 3-3.docx"。

2. 纯文字文档的基本页面设置、段落和字符格式化操作

从服务器的"Word 实验素材"文件夹中将"刻舟求剑.docx"文件下载到本机的"D:\Word 操作"文件夹中。打开该文件，文档内容如图 3-25 所示。参照图 3 26 的样文，进行以下排版练习。

图 3-24　大字广告的制作

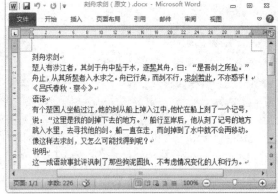

图 3-25　文档原文

（1）页面的总体设计。

①使用"页面布局"选项卡"页面设置"组的对话框启动按钮打开"页面设置"对话框（图 3-8），纸张大小选择 B5（18.2 厘米×25.7 厘米），上下页边距为 2.7 厘米，左右页边距为 3.3 厘米，页眉/页脚距离边界 2 厘米，指定行和字符网格为每页 37 行、每行 32 字。

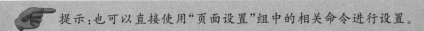

　　提示：也可以直接使用"页面设置"组中的相关命令进行设置。

②单击"插入"选项卡"页眉和页脚"组的"页眉"命令，在下拉列表中选择"编辑页眉"命令进入页眉/页脚编辑状态并打开"页眉和页脚工具—设计"选项卡（图 3-6）。在页眉区域居中位置输入"刻舟求剑"，再单击"导航"组"转至页脚"命令，在页脚区域右侧输入"《吕氏春秋·察今》"，单击"关闭页眉和页脚"按钮回到正文编辑状态。

　　提示：为文档插入页眉时通常会自动在页眉中插入一条横线，如果要去除这条横线，最保险且又不会影响页眉中已输入文字格式的方法是，进入页眉编辑状态，单击"页面布局"选项卡的"页面边框"命令打开"边框和底纹"对话框，在其"边框"选项卡的"设置"列表选择"无"，并在"应用于"下拉列表中选择"段落"并单击"确定"。

（2）段落的格式化。

使用"开始"选项卡"段落"组的相关命令，设置第 1 段落为居中，第 3 段为右对齐，其余各段为两端对齐。再使用"段落"组对话框启动按钮打开"段落"对话框（图 3-11），前 3 段左、右各缩进 1 厘米；第 2、第 5 和第 7 段首行缩进 2 字符；第 1 段段前 6 磅，段后 8 磅；第 4 和第 6 段（即"语译""说明"）段前 9 磅，段后 3 磅；第 2 段多倍行距 1.6 倍；第 5 和第 7 段行距为固定值 16 磅，其余段落均为单倍行距。

（3）文本的格式化。

①使用"开始"选项卡"字体"组的"字体"命令，设置第 1 段（标题）为隶书，第 2 段为楷体，第 3 段为仿宋体，第 4 段和第 6 段为黑体，第 5 段和第 7 段为宋体并使用"文本效果"命令设置为"深蓝"轮廓。使用"字体"组的"字号"命令，设置第 1 段为二号，第 2 和第 3 段为小四号，其余各段为五号。

②使用"字体"组对话框启动按钮打开"字体"对话框（图 3-17），设置第 1 段字符缩放 130%，字符间距加宽 1.2 磅，加下划波浪线；第 4 和第 6 段的文字字形加粗，字符缩放 120%。

> 提示：输入文档内容时自动出现的红色或绿色下划波浪线标记是表示单词有拼写错误或句子有语法错误。若要进行拼写和语法检查并予以更正，可使用"审阅"选项卡的"拼写和语法"命令；若要忽略并去除这些波浪线标记，可选择"文件"菜单的"选项"命令打开"Word 选项"对话框"在 Word 中更正拼写和语法时"栏不选中"键入时检查拼写"和"键入时标记语法错误"。

③再选中"语译"和"说明"，使用"页面布局"选项卡"页面边框"命令打开"边框和底纹"对话框（图 3-13）的"底纹"选项卡，选择"图案"栏下的 20% 灰度样式。

结果如图 3-26 所示，将文档存放在"D:\Word 操作"中，文件名为"实验 3-4.docx"。

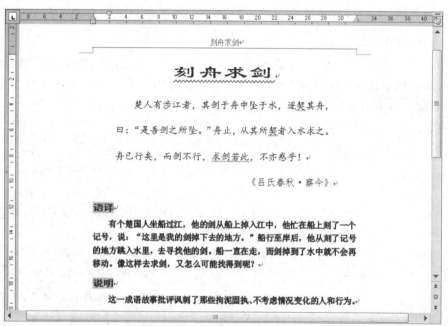

图 3-26　格式设置后的效果

3. 进一步练习更多样化的版面编排

从服务器的"Word 实验素材"文件夹中将"世界最迷人的数学难题.docx"下载到本机的

"D:\Word操作"文件夹中,打开该文件,文档内容如图 3-27 所示。参照图 3-28 的样文,进行以下排版练习:

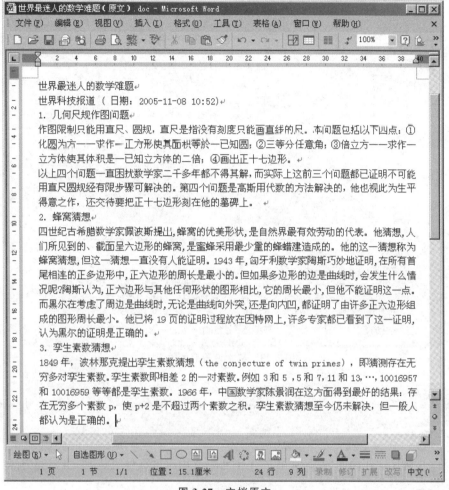

图 3-27　文档原文

(1)选用"页面布局"选项卡打开"页面设置"对话框,设置纸张大小为 B5,左右页边距为 2 厘米,其余取默认值。选用"页面布局"选项卡"页面边框"命令打开"边框和底纹"对话框为页面设置艺术型边框。

(2)将第 1 段(大标题)设置成黑体、加粗、二号字、居中、深蓝色字,并将文字设置成空心字效果。第 2 段(即报道者)设置成楷体、四号字、右对齐、段前段后各 5 磅。

> 提示:空心字效果的设置方法是,先选中标题文字,单击"字体"对话框"高级"卡中的"文字效果"按钮进一步打开"设置文本效果格式"对话框,选择"文本填充"栏的"无填充"和"文本边框"栏的"实线"并单击"关闭"。

(3)将 3 个小标题设置为隶书、三号、深红色字,其余段落设置为楷体、小四号字、首行缩进 2 个字符。

图 3-28　格式设置后的效果

提示：对多个自然段进行相同的设置时，可以同时选定这几个自然段一起设置；也可以对一个自然段设置后，利用"格式刷"命令将设置的格式应用到其他段落。

（4）将"几何尺规作图问题"所包含的 4 个问题改用项目符号表达，如图 3-28 所示。

提示：首先将该段落分为 5 个段落，删去多余的数字编号。使用"开始"选项卡"项目符号"命令下拉列表的"定义新项目符号"，在打开的对话框单击"符号"按钮，从中选择自己喜欢的项目符号。

（5）将"以上四个问题……"段落左右缩进 2 个字符，使用"页面边框"命令为段落加上"阴影"边框和"浅色下斜线"底纹。

（6）使用"分栏"命令将"四世纪……"段落分为等宽的 3 栏，并在栏间加分隔线。

（7）选中文中任意一处的"六边形"一词，打开"字体"对话框，将其设置成蓝色、倾斜并加着重号。然后选中该词，双击"格式刷"按钮，将文中其余的"六边形"一词"刷"成同样的格式效果。最后，单击"格式刷"按钮（或按 Esc 键）取消格式刷功能。

提示：也可以改用"替换"功能将全文中所有的"六边形"设置成蓝色、倾斜并加着重号。

（8）使用"页面背景"组的"页面颜色"下拉列表的"填充效果"，打开"填充效果"对话框的

"纹理"卡选择"新闻纸"纹理作为页面背景。

> 提示：也可用"页面布局"选项卡"水印"下拉列表的"自定义水印"命令打开"水印"对话框(图 3-10)，设置"文字水印"或"图片水印"背景。

(9)单击"文件"菜单中的"打印"展开"打印"界面(图 3-18)，尝试改变预览视图的显示比例和切换当前显示的页面内容，查看最后的编排效果。按需求设置打印选项，完成所有设置后单击"打印"按钮。

> 提示：如果文档有多页且仅打印部分页面，如要打印第 3 页，第 6～8 页以及第10 页，在"页数"框应输入"3,6～8,10"。

(10)结果如图 3-28 所示，将文档存放在"D：\Word 操作"文件夹中，文件名为"实验3-5.docx"。

3.2 图形图片的处理

Word 具有较强的图形图片处理功能，可以制作图文并茂的文档，以增加文档的视觉效果和说服力。在 Word 中，图形对象是指利用"绘图"工具在文档中绘制的各种图形，以及文本框、艺术字等；图片指的是"剪辑库"中的剪贴画和来自文件的图片等。

3.2.1 插入和编辑图片

(1)插入剪贴画：剪贴画指的是系统自带的图片库中的图片。将插入点光标定位在需要放置图片的位置，使用"插入"选项卡"插图"组的"剪贴画"命令，在打开的"插入剪贴画"任务窗格(图 3-29)选择要插入文档中的图片。

(2)插入来自另一文件的图片：用户在 Internet 上下载的图片、用扫描仪获取的出版物上的图片、用数码相机拍摄的照片通常以文件的形式保存在磁盘上，如果需要，可以使用"插图"组的"图片"命令，在"插入图片"对话框中选择要插入的图片文件。

(3)使用剪贴板插入图片：把在其他应用程序(如"画图"程序)编辑加工好的图片"复制"到剪贴板中，然后把图片"粘贴"到文档中。

(4)插入屏幕截图：用户编写文档时可以直接截取程序窗口或屏幕上某个区域的图像，并将其插入插入点光标所在的位置。方法是，在"插图"组单击"屏幕截图"命令，在打开的"可用视图"列表中将列出当前打开的若干未最小化的窗口，从中选择需要插入的窗口截图。如果希望截取屏幕中任意区域的内容，则单击列表中的"屏幕剪辑"按钮，屏幕变为灰白色，拖动鼠标框住要截取的区域。图 3-30 所示是在当前文档中插入"计算器"窗口及其左下角区域截图后的效果。进入屏幕截图状态后按 Esc 键可退出该状态。

另外，Windows 7 系统也提供了"截图工具"程序，可以较好地实现截图功能。

(5)图片的编辑和格式化：插入文档中的图片还可以进一步做些必要的编辑和调整。选中图片，切换到"图片工具—格式"选项卡(图 3-31)，主要操作有：

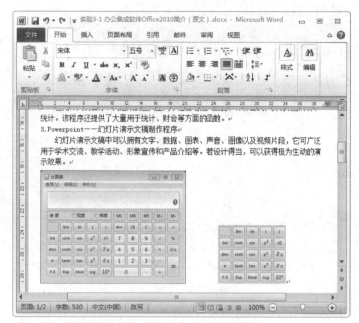

图 3-29 "剪贴画"任务窗格　　　　图 3-30 在文档中插入窗口截图

①旋转图片和调整图片大小。选中图片，拖动图片四周的控制点可调整大小，拖动绿色控制柄进行旋转。使用"格式"选项卡"排列"组和"大小"组中对应的命令则可精确设置图片大小和旋转角度。

②调整图片色彩。使用"调整"组的"颜色"按钮可以更改颜色饱和度、色调、重新着色等，使用"更正"命令可以对图片进行"亮度和对比度""锐化和柔化"操作。

③裁剪图片。单击"大小"组中"裁剪"按钮，拖动图片四周出现的裁剪框上的控制点即可裁剪选定的图片，进一步使用"裁剪"按钮的下拉列表，可指定"纵横比"裁剪图像。使用"裁剪为形状"命令可将图像裁剪为指定的形状。图 3-32 所示是在文档中插入屏幕画面截图并且再次截取画面中央位置的图标并裁剪为"心形"形状的效果，其中，也使用了"调整"命令调整裁剪框，使得"心形"形状缩小正好框住 Windows 图标。

图 3-31 "图片工具—格式"选项卡

④设置图片的环绕方式。默认情况下，插入的图片是以"嵌入型"方式嵌入文本行中的。使用"排列"组的"自动换行"下拉列表可将图片的"嵌入型"更改为在文字中的浮、衬或环绕方式。使用"位置"命令可控制图片在页面的位置，有"顶端居左""中间居中"等多种四周型文字环绕方式。

⑤图片的艺术效果处理。使用"调整"组的"艺术效果"下拉列表，可对图片应用"铅笔素描""混凝土"等不同的特殊效果。使用"图片样式"组，可以设置图片总体外观样式。使用"图片边框"命令可为图片添加边框。使用"图片效果"命令可以设置图片的阴影、柔化边缘、三维旋转等效果。图 3-33 中，第 1 张是原图，第 2 和第 3 张是分别加了"混凝土"和"金属框架"样

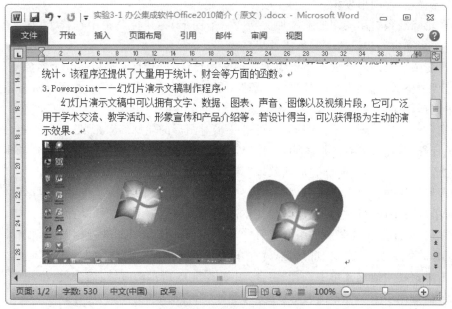

图 3-32　图片裁剪为心形

式后的效果。

图 3-33　图片的艺术效果处理

3.2.2　插入和编辑图形

Word 提供了大量的预置图形，可以满足文档排版中多种多样的需求。单击"插入"选项卡"插图"组的"形状"命令，其下拉列表分为"线条""矩形""基本形状"等多类形状，单击选择一种并在文档中拖动鼠标即可绘制自选图形。拖动图形边框上的蓝色、黄色和绿色控制点可分别调节图形大小、形态和旋转角度。鼠标置于图形内部拖动可随意移动位置。

选中图形，切换到"绘图工具—格式"选项卡（图 3-34），常见的编辑修改操作有：

（1）编辑图形顶点。使用"插入形状"组"编辑形状"中的"编辑定点"命令，拖动图形周边黑

图 3-34　"绘图工具—格式"选项卡

色小方块环绕点，使图形发生一定的变形。

（2）在轮廓线条封闭的图形上添加文字。右击图形，在快捷菜单中选择"添加文字"命令，还可以选中文字进一步设置文字格式效果。

（3）改变图形之间的叠放次序。为了达到某种设计效果，有时需要将几个对象重叠并分层放置，可使用"格式"选项卡"排列"组的"上移一层"或"下移一层"命令，也可以右击图形，在快捷菜单中选择相应命令。

（4）图形的修饰。画好某个图形后，可进一步对图形的轮廓线条形状、填充颜色、线条颜色等属性进行修改，还可设置图形的阴影及三维效果。这些操作可借助于"格式"选项卡"形状样式"组的"形状填充""形状轮廓""形状效果"等命令来完成。

（5）图形的组合。可以使用"形状"下拉列表中的"新建绘图画布"将多个图形对象组合在一张画布里进行整体图形缩放或设置与文本的环绕方式等操作，也可以直接在文档编辑区画出若干图形。如果要将这些图形组合成有一定表意的一体化图形进行相同的编辑操作，可先选定要组合的各个图形（按住 Shift 键，逐一单击），再使用"格式"选项卡"排列"组的"组合"命令，或右击对象在快捷键菜单中选择"组合"。如图 3-35 所示的哑铃、蒲公英、小鸡等有一定表意的图形，都是用多个 Word 自选图形变形、叠加、组合而成的。

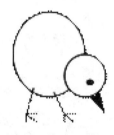

图 3-35　用 Word 自选图形制作的组合图形

3.2.3　插入和编辑文本框、艺术字

文本框和艺术字都可以看成一种较为特殊的图形或图片，在操作上与图形图片的操作方法是相似的。在 Word 2010 中创建的文本框和艺术字都是浮动式的，可以置于文档内的任何位置，在文档编排中十分有用。

1. 文本框

使用"插入"选项卡"文本"组的"文本框"命令，可以插入 Word 2010 内置文本框，也可以选择"绘制文本框"或"绘制竖排文本框"，在文档中拖动鼠标绘出文本框。插入点光标在文本框内，输入文字后在框外单击完成操作。在图片、图表等对象近旁加注释文字时，使用文本框可以在页面任一合适的位置加上文本。

文本框的大小、填充颜色、边框线条、文本环绕方式以及阴影和三维效果的设置与自选图形的设置方法基本相同，可以使用"绘图工具—格式"选项卡的相应命令完成。同时，文本框内的段落和文字的格式设置方法与页面中的段落和文字的设置方法是一样的，可以在"开始"选项卡中进行设置。

图 3-36 所示是在一幅图片的两侧添加文本框并使用"形状轮廓"和"形状填充"修饰框线和底纹,形成类似于对联的效果。图 3-37 中下边的文字同样也是通过文本框添加的,所不同的是,在"形状轮廓"和"形状填充"中选择了"无轮廓"和"无填充颜色",隐去了框线和底色。这一方法使文本的放置位置十分灵活。

注:该作品获得少儿组二等奖

图 3-36　为图片加文本框并修饰边框和底纹　　图 3-37　用文本框为图片加注释

2. 艺术字

单击要放置艺术字的位置,使用"插入"选项卡"文本"组的"艺术字"按钮,在其列表中选择一种艺术字样式后,将在插入点位置插入一个默认文字为"请在此放置您的文字"文本框(文字的样式与所选艺术字样式相同),按 Delete 键删除默认文字输入所需内容即可。

选中"艺术字",拖动艺术字文本框上的蓝色控制点可以调整其大小;使用"绘图工具—格式"选项卡"排列"组的"自动换行"按钮,可以改变艺术字与周边文本的环绕方式;单击"艺术字样式"组"文本效果"按钮,在下拉列表选择"阴影""发光""转换"等选项可以分别设置艺术字的阴影、发光、弯曲等效果;使用"艺术字样式"组"文本填充""文本轮廓"按钮可以设置艺术字的填充色、线形等。

3.2.4　实现图文混排效果

以上介绍了剪贴画、来自文件的图片、自选图形(形状)以及艺术字、文本框等,这些图形图片在 Word 2010 中都可以进行文字环绕的效果设置。

1. "嵌入式"对象与"浮动式"对象的区别

Word 的图片或图形对象,可以嵌于文字所在的那一层,也可以浮于文字上方或衬于文字下方。比如,如果图片是作为背景就应该采用"衬于文字下方"的环绕方式。

剪贴画、屏幕截图、来自文件的图片默认的环绕方式是"嵌入式",即嵌于文字所在的那一层,可以将该对象看成正文中的一个特殊的字符,或者是一个单独的段落,像对待文字一样进行段落的格式排版操作。例如,如果此对象单独为一个段落,则单击"开始"选项卡"段落"组的"左对齐"、"居中"或"右对齐"按钮,可以改变图片的位置。

"浮动式"(或称非嵌入式)包括四周型、紧密型、穿越型、上下型、衬于文字下方、浮于文字上方等。艺术字、文本框、自选图形等默认的环绕方式是"浮动式"中的"浮于文字上方",操作时可以将其更改为其他的浮动方式，与文字之间混合排版，文字可以环绕在图片周围、衬于文字下方或浮于文字上方。

如果要将图片、艺术字、自选图形等组合成一个图形，则必须先将"嵌入式"对象转换为"浮动式"对象，才能加以组合。如图 3-38 所示，必须先将嵌入式的剪贴画转换为"浮动式"对象，才能与取自"形状"下拉列表中的"矩形标注"组合成一个整体。

2. 图文环绕效果的设置

选中要设置文字环绕的对象，单击"图片工具—格式"或"绘图工具—格式"选项卡"排列"组中的"自动换行"按钮，在打开的列表中选择所需的环绕方式。图 3-39 分别给出了四周型、紧密型、衬于文字下方和浮于文字上方 4 种文字的环绕效果。

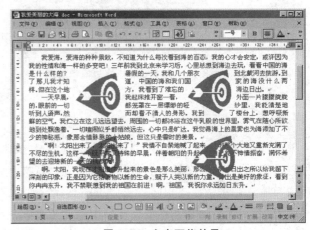

图 3-38　剪贴画与自选图形的组合　　　　图 3-39　文字环绕效果

【实验任务 3-3】制作图文混排文档

实验目标

(1)熟练掌握在 Word 文档中插入剪贴画、来自文件的图片等。

(2)学会插入和编辑各种自选图形、艺术字等。

(3)灵活应用文本框。

(4)实现较复杂的图文混排，强化视觉效果。

实验内容与操作提示

1. 身边常见的小型张贴广告的制作

在日常学习和生活环境中，经常可以看到一些简明醒目的广告宣传画，如公共场所的"请勿吸烟"、候车大厅的"民警提示：请保管好随身携带的物品"等，可以使用 Word 提供的图形图片处理功能来制作这类图文兼有的小型张贴广告。

如图 3-40 所示的广告，其制作方法如下：

(1)启动 Word，创建空白文档。

(2)键盘输入"请勿吸烟"，并使用"开始"选项卡"字体"组"文本效果"命令，将其设置为下拉列表中第4行第1个文本外观效果。

（3）使用"插入"选项卡"形状"下拉列表，选择"基本形状"中的"同心圆"，在文档中绘制同心圆图形，并通过黄色控制点来调整环形的宽度。

（4）再选择"形状"下拉列表中的"矩形"，在文档中拖出一个矩形，调整其大小并旋转一定的角度将其置于同心圆内合适的位置，使用"绘图工具—格式"选项卡"形状轮廓"命令设置为"无轮廓"，使得同心圆与该矩形更有整体感。

（5）同时选中同心圆与矩形，使用"形状填充"命令填充为深红色。

图 3-40 宣传广告

（6）"香烟"由过滤嘴、烟体和烟头3个部分组成，制作方法如下：

①绘制2个相邻接的矩形，选中左边的矩形（表示过滤嘴部分），使用"形状填充"下拉列表中"纹理"的"纸莎草纸"填充颜色；将右边的矩形（表示烟体部分）填充为白色。

②选择"形状"下拉列表中"标注"的"云形标注"绘制燃烧过的"烟头"部分，并使用"形状填充"下拉列表中"纹理"的"花岗岩"纹理效果填充，同时调整其大小，使其正好放在烟头位置。

③同时选中这3个部分，使用"绘图工具—格式"选项卡的"组合"命令将"香烟"的3个部分组合成一体，并将其旋转移动到如图3-40所示的位置。

（7）调整香烟与其他图形的叠放层次，使香烟位于整个示意图的第2层次。

提示：使用"绘图工具—格式"选项卡的"上移一层""下移一层"等命令，或右击要调整叠放层次的图形，在快捷菜单中选择相应的命令。

（8）将所有图形选中，全部组合成一体，再单击"插入"选项卡"文本框"命令下拉列表的"绘制文本框"，拖出一个文本框包围"请勿吸烟"和组合后的图形（此时文档内容完全被文本框遮盖），接着设置文本框"衬于文字下方"即可完成操作。

（9）结果如图3-40所示，将文档存放在"D:\Word操作"文件夹中，文件名为"实验3-6.docx"。

2. 图文混排效果的实现

将如图3-41所示的文档原文进行图文混排，最后效果如图3-42所示，其操作步骤如下：

（1）从服务器的"Word实验素材"文件夹中将"送孟浩然之广陵.docx"和"长江.jpg"文件下载到本机的"D:\Word操作"文件夹中。

（2）打开文档，选定第1至4段的文本内容，使用"插入"选项卡的"文本框"下拉列表中的"绘制竖排文本框"命令在文档中插入一个竖排文本框。

提示：选定的文本将从右到左竖排在文本框内。

（3）选中文本框，使用"绘图工具—格式"选项卡的"形状填充"和"形状轮廓"命令将文本框设置为无填充颜色和无轮廓线；使用"自动换行"命令设定"上下型环绕"。

（4）如图3-42所示，对文本框内的文本进行字体字号、对齐方式、字符间距、段前段后间距

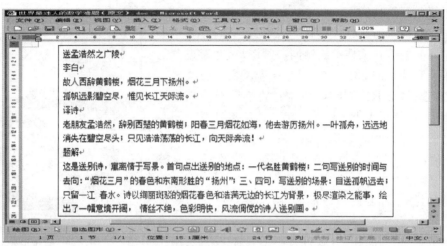

图 3-41　文档原文

等格式化操作；对"译诗"和"题解"的相关段落进行字符格式化和分栏。

（5）选择"插入"选项卡"图片"命令插入"长江.jpg"并适当改变大小，设置环绕方式为"浮于文字上方"，并拖动到页面右上方。

> 提示：如果要插入网页中的图片，可在网页打开后使用屏幕截图功能截取图像将其插入文档，也可以直接将网页中的图像拖放到文档中。

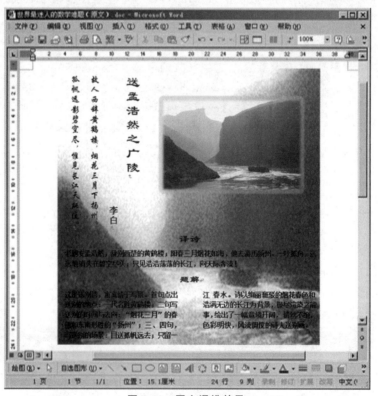

图 3-42　图文混排效果

（6）选中图片，使用"图片工具—格式"选项卡的"图片"命令，设置柔化边缘 5 磅和水绿色发光效果。

> 提示：在为图像添加特效或样式效果后，如果不满意，可单击"调整"组"重设图片"按钮将图片恢复到插入时的原始状态。

（7）为文档设置图片背景。在文档中再次插入同一幅图片"长江.jpg"，调整图片大小，使其覆盖整篇文章。选中该图片，使用"图片工具—格式"选项卡"调整"组的"艺术效果"命令设置"发光散射"效果，并将该图片"衬于文字下方"。

（8）将文档存放在"D：\Word 操作"文件夹，文件名为"实验 3-7. docx"，退出 Word。

3.3　Word 表格处理

表格是一种应用很广的文档结构形式，能够简明、直观地表达数据。Word 为用户提供了功能强大的表格处理功能，如建立、编辑、格式化、排序、计算和将表格转换成各类统计图表等功能，可以迅速地创建美观实用的表格。

3.3.1　建立表格

建立表格时，一般先指定行数和列数，生成一个空表，然后再输入单元格（即表格中的任一长方格）中的内容，也可以把已输入的文本转换成表格。

1. 自动生成表格

只能创建由多行和多列构成的简单表格（规范表格），表格中只出现贯穿表格首尾的横、竖线，不出现斜线。将插入点定位在需插入表格的位置，使用"插入"选项卡的"表格"按钮，在下拉列表的"插入表格"栏中有一个 8 行 10 列的按钮区，移动鼠标选择所需的行列数并单击。这一方法只能创建不超过 8 行 10 列的表格。如果超出这个行列数，应在"表格"按钮的下拉列表选择"插入表格"命令打开"插入表格"对话框，输入所需的行数和列数并单击"确定"。这一方法最多可以设置 32 767 行 63 列的表格。

2. 手工绘制表格

可建立较复杂的不规则表格。单击"表格"下拉列表的"绘制表格"命令，鼠标光标变为铅笔形，这时就如同拿着笔可方便地在屏幕上先拖出适当大小的表格外框，然后绘制表格内部的横竖行列线和斜线。单击"表格工具—设计"选项卡（图 3-43）的"擦除"按钮，鼠标光标呈橡皮擦形状，拖动鼠标可以擦除画错的线条。

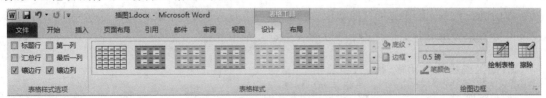

图 3-43　"表格工具—设计"选项卡

3. 表格和文本之间的转换

有些文本具有明显的行列特征，文本之间使用统一的逗号、空格、制表符等来加以分隔，这类排列规则的文字串可以自动转换成表格中的内容。操作方法是，先看清有关文本的行列特征（例如，以空格为分列标记，以回车符为分行标记），若不具备可手工加上统一的分列标记；选定要转换的文本后，使用"插入"选项卡"表格"下拉列表的"文本转换成表格"命令打开"将文字转换成表格"对话框进行设置。将选中的表格转换为文本，可以使用"表格工具—布局"选项卡（图 3-44）"数据"组的"转换为文本"命令。

图 3-44 "表格工具—布局"选项卡

如图 3-45 所示的例子是将以文本列出的"一日主食谱"转换为表格形式来表达。

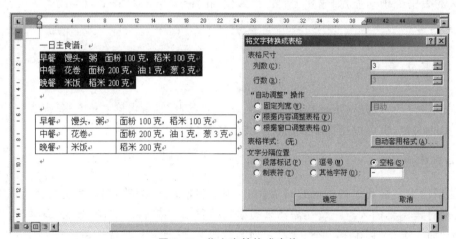

图 3-45 将文字转换成表格

3.3.2 编辑表格

编辑表格包括增加或删除表格中的行列、改变行高和列宽、合并与拆分表格或单元格等操作。

1. 选定要编辑的表格区域

表格左边沿和上边沿都有一个表格行列选定区（此处鼠标光标呈 ↘、◁ 状态），单元格内也有选定区，表格的一些标记如图 3-46 所示。用鼠标在表格左侧或上方的选定区单击可选定光标所指向的行或列，上下或左右拖动鼠标可选定若干行、列或整个表。将鼠标移到单元格的选定区可以选定该单元格，拖动鼠标可以连续选定几个单元格。

2. 插入或删除单元格、行、列和表格

将光标置于表格内适当位置，选择"表格工具—布局"选项卡的"行和列"组的命令可以插入整行和整列,单击"行和列"组右下角的对话框启动按钮打开"插入单元格"对话框,还可以插入一个单元格。使用"行和列"组的"删除"命令可以删除选定单元格、整行、整列和整个表格。注意,如果只要删除表格内容,则选定删除区域后,按 Delete 键即可。

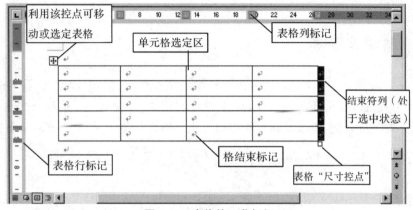

图 3-46　表格的一些标记

3. 改变表格的行高和列宽

利用鼠标拖动标尺上的表格列标记或行标记可以调整表格的列宽或行高,也可以直接拖动表格边框线调整表格行高和列宽。如果对行高和列宽设置要求很准确,应利用"单元格大小"组的"高度"和"宽度"命令指定具体高度和宽度值。

4. 合并和拆分单元格

选定要合并或拆分的单元格,执行"合并"组的"合并单元格"或"拆分单元格"命令。使用"拆分表格"命令可以将表格一分为二。合并和拆分单元格还可以利用"表格工具—设计"选项卡的"绘制表格"和"擦除"按钮,添加或擦除线条达到拆分和合并效果。

3.3.3　表格的格式化

表格的格式化包括表格内容的格式化和表格外观的格式化两个方面。

(1)表格内容的格式化:对于单元格中的内容,可以像对待文档中的普通文本一样设置字体、字号、缩进等文本或段落格式。使用"表格工具—布局"选项卡的"对齐方式"组的相应命令,可设置单元格内容的靠上两端对齐、中部居中(即水平和垂直方向对齐)等 9 种对齐方式。使用"文字方向"命令可切换文字方向为横排或竖排。

(2)表格外观的格式化:在表格中单击鼠标将插入点光标置于表格中,打开"表格工具—设计"选项卡,进行表格外观设计。常用操作有:

①套用内置表样式。表格样式列表中内置了数十种预先定义的表格样式,单击"表样式"组的"其他"按钮,选择需要使用的样式将其应用到表格。

②设置表格边框。打开"表样式"组"边框"按钮的下拉列表,使某个选项处于选中状态,则表格将显示对应的框线,取消某个选项的选中状态则去除对应的边框线。另外,选定表格或部分单元格,在"边框"按钮的下拉列表选择"边框和底纹"命令,打开"边框和底纹"对话框的"边

框"选项卡(图 3-13),可设置或更改单元格边框的样式、颜色、粗细,并设置应用于"表格"。

③设置表格底纹。在"表样式"组"底纹"按钮的下拉列表中选择一种颜色,可以设置单元格的填充颜色。若使用"边框和底纹"对话框的"底纹"选项卡,可设置或更改单元格的填充颜色、底纹图案的样式和颜色。

3.3.4　表格数据计算

将插入点光标置于表格的需要放置计算结果的单元格中,使用"表格工具—布局"选项卡"数据"组的"公式"按钮,打开"公式"对话框,在"编号格式"下拉列表中选择公式结果的显示形式,在"粘贴公式"下拉列表中选择需要使用的公式或函数并单击"确定",完成计算操作。

【实验任务 3-4】表格的建立及其数据处理

实验目标

(1)熟练掌握简单表格的插入以及在此基础上编辑修改成复杂表格。
(2)熟练掌握表格边框和底纹的修饰。
(3)掌握表格数据的计算操作。
(4)综合应用表格、图片、文本等多种功能,解决身边的实际问题。

实验内容与操作提示

1. 练习插入规范表格,并在此基础上加工修饰成所需的表格

如图 3-47 所示的表格是某高校计算机公共课学习人数统计表,其制作方法如下:
(1)启动 Word 创建空白文档,使用"插入"选项卡的"表格"按钮,在下拉列表的"插入表格"栏中快速生成一个 6 行 5 列的规范表格。

> 提示:当鼠标拖到 6 行 5 列的位置时,"插入表格"栏的显示是"5×6 表格"。

(2)输入表格的文本内容,拖动边框线适当调整单元格的高度和宽度。合并第 1 列的 1～2 行单元格及第 1 行的 2～5 列单元格。

(3)左上角斜线表头的绘制方法是,选择"插入"选项卡"插图"组的"形状"按钮,两次单击下拉列表的"直线"分别画出左上角单元格中的两条斜线,并使用"绘图工具—格式"选项卡的"形状轮廓"命令将线条色改为黑色。按键盘上的空格键将光标移动到合适的位置并输入"课程""学生数""年份"。

> 提示:左上角单元格应加大到 3 行的高度,以容下表头标题。

(4)修饰表格。将表格内容"计算机公共基础课"设置为黑体四号字,其余不变。设置各单元格内容水平和垂直方向居中。使用"表格工具—设计"选项卡的"边框"命令,在下拉列表中选择"边框和底纹"命令,打开其"边框"选项卡,使用"自定义"项将外边框设置"样式"为一粗一细的双线,线宽为 3 磅;选择年份为"2013"的行,使用"自定义"项将该行上边线设置"样式"为双细线,线宽为 1/2 磅;为各课程名所在的单元格选择一种浅灰色底纹颜色,结果如图 3-47 所示。

学生数 课程 年份	计算机公共基础课			
	计算机基础	C程序设计	数据库应用	合计
2013 年	3683	2845	2663	
2014 年	4217	3190	3011	
2015 年	5096	3342	3524	
平均				

图 3-47　表格应用示例

2. 进一步完成表格数据的计算

Word 中提供了在表格中快速进行数值的加、减、乘、除、求和、求平均值等简单计算功能。同下一章要介绍的 Excel 软件一样,表中的单元格列号依次用字母 A,B,C,…表示,行号依次用数字 1,2,3,…表示。例如,B3 表示第 2 列第 3 行的单元格。若要表示表格的单元格区域,采用"左上角单元格:右下角单元格"的形式。例如,在图 3-47 所示的表格中,"B3:D5"区域表示 3 年中参加 3 门计算机公共课学习的人数(共 9 个数据)。

下面以图 3-47 所示的表格为例,计算 2013—2015 年度参加"计算机基础"课程学习的平均人数,结果取整并使用千位分隔符"♯,♯♯0"的显示形式。其操作步骤如下:

(1)插入点定位在要放置结果的单元格(本例为 B6 单元格),选择"表格工具—布局"选项卡"数据"组的"公式"命令,打开"公式"对话框,如图 3-48 所示。

(2)在"公式"栏去除默认公式"sum(above)";在"粘贴函数"下拉式列表框选择"Average"函数,在"公式"框输入函数自变量"B3:B5",表示计算平均值的单元格地址区域;在"数字格式"列表框选择"♯,♯♯0"的数字格式。

提示:在"公式"栏输入的公式一定要以"="号开头。

(3)计算的结果自动填入插入点所在的单元格。同理,可计算其他数据。

(4)将文档存放在"D:\Word 操作"文件夹中,文件名为"实验 3-8. docx",退出 Word。

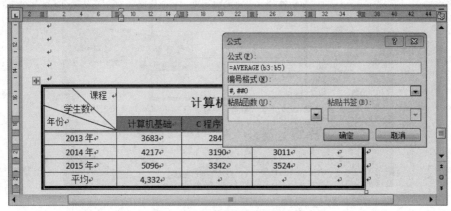

图 3-48　使用"公式"进行计算

Word 的计算功能是有局限的，与 Excel 电子表格相比，自动化能力差，即当不同单元格进行同种功能的统计时，必须重复编辑公式或调用函数，编辑效率低。最大的问题是当被统计的单元格内容改变时，统计结果不能自动重新计算。

3. 文档中表格、图片、文本等的混合编排应用

按如图 3-49 所示的原文，对文档进行编辑排版，最终效果如图 3-50 所示。其具体操作步骤如下：

（1）从服务器的"Word 实验素材"文件夹中将"你的知识更新了吗.docx"文件下载到本机的"D:\Word 操作"文件夹中，并打开文档。

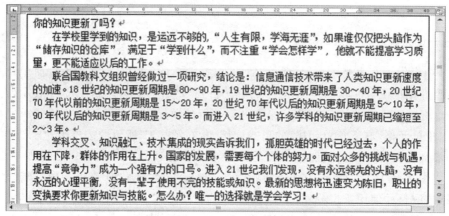

图 3-49　文档原文

图 3-50　制作后的图文混排效果

（2）修饰文章标题。选中文章标题"你的知识更新了吗?"，单击"插入"选项卡的"艺术字"按钮，在下拉列表选择最后一行第3个艺术字样式。单击"绘图工具—格式"选项卡"艺术字样式"组"文本效果"按钮，在下拉列表选择"转换"选项下"弯曲"的"波形2"。在"绘图工具—格式"选项卡的"位置"下拉列表选择"顶端居中"。

（3）设置标题除外的第1,3段的字体及段落格式。依次选中文章的第1,3段，使用"开始"选项卡的相应命令，将文字格式设置为"华文新魏,小四"；段落首行缩进"2字符"，行距设置为"固定值,16磅"，段前和段后距离设置为"0磅"，再使用"插入"选项卡在第1段设置"首字下沉"。

（4）修改第2段文字为表格做准备。文章的第2段是"知识更新周期"的数字表示，更适合用表格展现。先将原文第2段中的文字修改为多行文字（图3-51），并在文章的"80～90""30～40""15～20""5～10""3～5""2～3"的数字前插入列分隔符（这里选用空格符），以便利用Word的快速转换功能将文字转换为表格形式（图3-52）。

时期 更新周期（年）
18世纪 80～90
19世纪 30～40
20世纪70年代前 15～20
20世纪70年代后 5～10
90年代后 3～5
21世纪 2～3

图3-51 第2段落修改后

时期	更新周期（年）
18世纪	80～90
19世纪	30～40
20世纪70年代前	15～20
20世纪70年代后	5～10
90年代后	3～5
21世纪	2～3

图3-52 文字转换为表格形式

（5）将文字转换为表格。选中图3-50的多行文字，使用"插入"选项卡"表格"下拉列表的"文本转换成表格"命令打开"将文字转换成表格"对话框，确认"列数"为2，"文字分隔位置"为"空格"，选中"根据内容调整表格"项并单击"确定"。将表格居中显示，并适当修饰表格文本格式和表格框线。

> 提示:表格居中操作可用"表格工具—布局"选项卡"属性"命令打开"表格属性"对话框，或者使用"开始"选项卡的段落"居中"命令实现。

（6）为表格加上以自选图形表示的标题。单击"插入"选项卡"形状"命令下拉列表中"流程图"的"资料带"形状，将其插入文档中并填充"浅蓝色"；右击该图形，在快捷菜单中选择"添加文字"，输入"知识更新周期一览表"，并将字体设置为"华文新魏,四号"，将此自选图形移至表格右侧位置。

（7）插入由文本框和图片组合而成的文档背景。插入文本框并调整其大小以覆盖整篇文档，使用"绘图工具—格式"选项卡"形状样式"组的对话框启动按钮，打开"设置形状格式"对话框，选择"渐变填充"且"预设颜色"选择"熊熊火焰"。再单击"插入"选项卡的"剪贴画"命令，在打开的窗格搜索与"人物"相关的剪贴画，并选择第一张图片插入文本框中。选中图片，选用"图片工具—格式"选项卡"颜色"下拉列表的"冲蚀"（即水印）效果。选中文本框，使用"排列"组的"下移一层"命令设置为"衬于文字下方"。

（8）将文档存放在"D:\Word操作"文件夹，文件名为"实验3-9.docx"，退出Word。

实验项目 4　Word 高级编排功能的应用

除了在实验项目 3 中介绍的页面设计、段落和文本格式化的基本操作外，在此进一步介绍样式设置、目录生成、题注、脚注和尾注、邮件合并等 Word 高级编辑和排版操作。在编写格式要求较为规范的较大型的专业性文档（如撰写论文、项目规划方案、调查报告等）时，这些功能非常实用而高效。

4.1　文档高级编辑技巧

4.1.1　套用样式

样式是已命名的一组文本和段落格式的组合。例如，一篇文档有各级标题、正文、页眉和页脚等，它们都有各自的字体大小和段落间距等，各以其样式名存储以便使用。

使用样式至少有两个好处。首先，若文档中有多个段落使用了某个样式，当修改了该样式后，所有整体套用该样式的段落样式都将自动被新样式替代，避免了手动重复操作而产生遗漏等，带来整体不一致和低效率。其次，有利于构建文档大纲和目录生成等。

（1）套用内置样式：选定要设置样式的段落或文字，在"开始"选项卡"样式"组的列表中选择要套用的样式（如标题 1、标题 2 等），可以利用 Word 2010 的实时预览功能浏览每个样式，以便查看其效果再做选择。也可以单击"样式"组的对话框启动按钮打开"样式"窗格，如图 4-1（左）所示，勾选其中的"显示预览"，可通过名称反映出样式所具有的格式；如图 4-1（中）所示，单击窗格中的样式名称可以为选定的内容设置指定的样式。单击窗格右下角的"选项"命令打开"样式窗格选项"对话框，在"选择要显示的样式"下拉列表中选择"所有样式"，单击"确定"，将显示 Word 所有预置的样式，如图 4-1（右）所示。如果希望查看某个样式所包含的具体格式，可以将鼠标指向该样式稍停顿，会显示相关信息。

（2）编辑样式：如果预置的样式无法满足实际使用的要求，可以更改和删除样式。在"样式"窗格中右击要修改的样式名称，使用快捷菜单的相应命令可以更改和删除样式（但 Word 预定义的样式无法删除）。

（3）新建样式：单击"样式"窗格底部的"新建样式"按钮自行创建新样式。

4.1.2　文档分节

较大型的文档通常由不同的部分组成，如前言、目录、正文等，各部分在排版时往往会有不同的要求，需要分开来编排，这时可以将文档的这几个部分分为几个节，不同的节便可以有不同的版面设计。例如，将一篇文档的目录部分单独分成一节，便可以设置与正文不同的页眉、

图 4-1 "样式"任务窗格

页脚和页码方案。

Word 的分节符需要手工插入,将光标定位在下一节的起始位置,使用"页面布局"选项卡"页面设置"组的"分隔符"命令打开其下拉列表,从中选择一种分节符类型。

4.1.3 自动生成目录

编制比较大型的文档(如书稿、论文等)往往需要在最前面给出文档的目录,便于查阅。目录中包含文章中的章节标题和编号以及标题对应的起始页码。Word 提供了方便的目录生成功能,如果要作为目录的文字的格式套用了 Word 预置的标题 1～9 样式,可以直接创建目录。如果套用了自定义样式,需要检查这些文字的大纲级别是否正确,否则无法正确创建。

例如,需要将某文档中的 3 级标题均收入目录中,操作步骤如下:

(1)选定要作为第 1 级标题的内容,从"开始"选项卡"样式"组选"标题 1"样式;以此类推,把第 2～3 级标题内容设置为"标题 2"和"标题 3"样式。

(2)将插入点定位在准备生成文档目录的位置(一般在文档起始处)。

(3)单击"引用"选项卡(图 4-2)"目录"组的"目录"命令,在下拉列表中选择内置的目录或单击"插入目录"命令打开对话框进行设置(图 4-3)。

图 4-2 "引用"选项卡

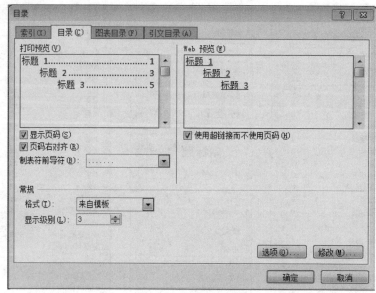

图 4-3　"目录"对话框

　　查看目录时，如果紧接着要编辑某一章节标题下对应的文档正文，可用鼠标指向目录中的某一标题级别，按下 Ctrl 键并单击该标题级别可快速跳转到文档中的标题级别所在处。

　　目录生成后，可以随时进行更新，以反映文档中标题内容和标题对应的页码的变化。方法是，在目录区右击鼠标，从快捷菜单中选择"更新域"，在打开的"更新目录"对话框中设置。选中目录，按下 Delete 键可删除目录。

4.1.4　使用题注、脚注和尾注

1. 题注

　　在长文档中插入的表格、图片等一般都要进行编号，如"表 1.1""图 2-3"等，以便在正文中引用。Word 提供了题注的功能，可以为文档中插入的表格、图片、公式等选定项目加上自动编号的题注并可添加说明性文字，当插入或移除某个已添加题注的项目时，Word 会自动将此项目之后的所有项目重新编号。

　　题注（如"表 1.1"）由标签（"表"）和编号（"1.1"）组成。创建题注的方法是，选定要添加题注的项目，选择"引用"选项卡的"插入题注"命令，在打开的"题注"对话框（图 4-4）中默认的标签有表格、公式、图表，如果自带的标签无法满足需要，可单击"新建标签"按钮，在弹出的"新建标签"对话框中自定义标签。例如，论文撰写中一般需要新建"图""表"两个标签，可在"新建标签"对话框中输入"图"（或"表"）并单击"确定"，在"标签"下拉列表框将增加"图"（或"表"）选项。在"位置"列表框中，如果是表格题注一般选择"所选项目上方"，如果是图片题注一般选择"所选项目下方"。

2. 脚注和尾注

　　写作时经常需要对文档中个别术语进行补充说明，以便在不影响文章连续性的前提下能把问题讲述得更清楚。脚注和尾注就是对文档中文本进行注释的两种方式。脚注由注释标记和注释正文组成,注释标记(即注释的编号)出现在文档中欲加脚注的文本之后,脚注正文一般放在每页的底部。尾注的功能与脚注基本相同,但尾注正文通常置于文档末尾,最常见的尾注是文档所引用的参考文献的注释。

用户可以添加任意长度的注释文本,方法是,将光标定位在需要添加脚注或尾注的文本后,选择"引用"选项卡的"插入脚注"或"插入尾注"命令,即可进入脚注或尾注的编辑状态。也可以单击"脚注"组的对话框启动按钮,打开"脚注和尾注"对话框(图 4-5),设置编号格式、起始编号等选项后单击"插入",即进入"脚注"或"尾注"的编辑状态,输入注释内容。

在页面视图下,可以直接在脚注区或尾注区看到注释内容。将光标置丁要修改的脚注或尾注处,可使用与编辑文档正文相同的方法进行脚注或尾注的编辑修改。在文档正文中选定脚注或尾注编号,按 Delete 键将其删除后,在文档页底或文档末尾的脚注或尾注内容也随之消失。

图 4-4 "题注"对话框　　　　　　图 4-5 "脚注和尾注"对话框

4.1.5 使用批注和修订

文档编辑完毕形成初稿后,可以将其交给老师或同学审阅,以保证文档内容的科学性,并筛查语法错误、错别字等。批注和修订便是用于审阅他人文档的两种方法。

1. 批注

批注是作者或审阅者为文档的一部分内容添加的注释(其内容可以是对相关内容提出的注解、质疑、建议等),出现在页边距位置,并没有改变原文档内容。

添加批注的方法是,在文档中选中需要添加批注的相关文字,单击"审阅"选项卡(图 4-6)的"新建批注"命令,在文档右边距开辟出一个加强色(默认红色)"批注"框,输入批注内容,如图 4-7 所示。最后由作者统一查看审阅者给出的批注内容,考虑是否接受审阅意见,对文档做必要的修改。右击批注框,在快捷菜单中可选择"删除批注"。

图 4-6　"审阅"选项卡

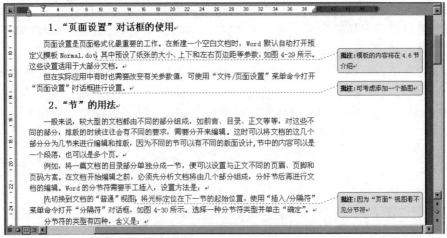

图 4-7　在文档添加批注

2. 审阅

有时审阅者会直接在文档正文上进行修改，那么怎么知道文档哪些内容被修改过了呢？只要启用修订功能就可以了。修订功能可以将作者或审阅者的每一次插入、删除、修改或是格式更改，都标记出来，之后可以根据需要考虑接受或拒绝每一处的修订。

单击"审阅"选项卡的"修订"命令，启用修订模式，文档进入修订状态（"修订"命令带橙色底纹突出显示，若再次单击则退出修订模式），之后对文档的任何操作都被加上标记。例如，在文档中插入的内容，将红色显示并带下划线，被删除的内容将红色显示并带删除线，如图 4-8所示。把文档交回作者后，作者在正式修改文档时，就可以跟踪修订标记，阅读并右击修订内容，在快捷菜单中选择"接受插入""拒绝插入"或"接受删除""拒绝删除"等选项，接受或放弃审阅者的修改。

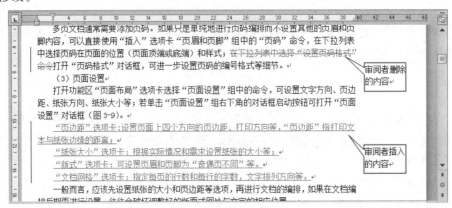

图 4-8　文档修订标记

4.1.6 文档的保护

文档制作完毕,用户可以通过限制文档的编辑和设置密码等保护措施,防止对文档有意无意地篡改和泄露,增强文档的安全性。

(1)限制编辑。单击"文件"下拉菜单的"消息"命令,在界面中的"保护文档"下拉列表选择"限制编辑"选项,在文档右侧将显示"限制格式和编辑"窗格(图 4-9),勾选"限制对选定的样式设置格式"或"不允许任何更改(只读)"并单击"是,启动强制保护"。在弹出的"启动强制保护"对话框(图 4-10),输入密码并单击确定。经过以上操作后文档功能区的相关区域(如"开始"选项卡的"字体"、"段落"组等)呈灰色显示,不能使用。可再次打开"限制格式和编辑"窗格选择"停止保护"命令,在"取消保护文档"对话框输入密码,取消保护。

(2)设置文档打开权限密码。若在"保护文档"下拉列表选择"用密码进行加密"选项,将弹出"加密文档"对话框,输入密码并加以确认后,当用户再次打开该文档时会弹出"密码"对话框,正确输入密码后才能打开。

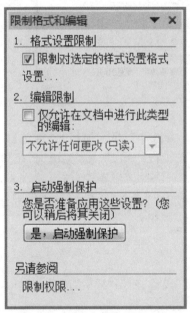

图 4-9 "限制格式和编辑"窗格

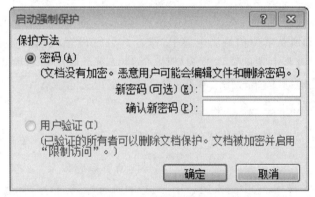

图 4-10 "启动强制保护"对话框

【实验任务 4-1】专业性文档的综合编排

实验目标

(1)掌握样式的套用,文档目录生成。

(2)对文档分节,不同节设置不同的页眉和页脚。

(3)掌握题注、脚注和尾注的用法。

(4)掌握批注和修订的用法。

(5)限制文档的编辑,为文档添加密码保护。

实验内容与操作提示

1. 下载一篇样文，完成基本的页面、段落和文字排版

（1）从服务器的"Word 实验素材"文件夹中将"Excel 表格高效编辑技巧在日常办公中的应用.docx"下载到本机的"D:\Word 操作"文件夹中。打开该文件，文档共有 5 页，其中第 1 页的部分内容如图 4-11 所示。

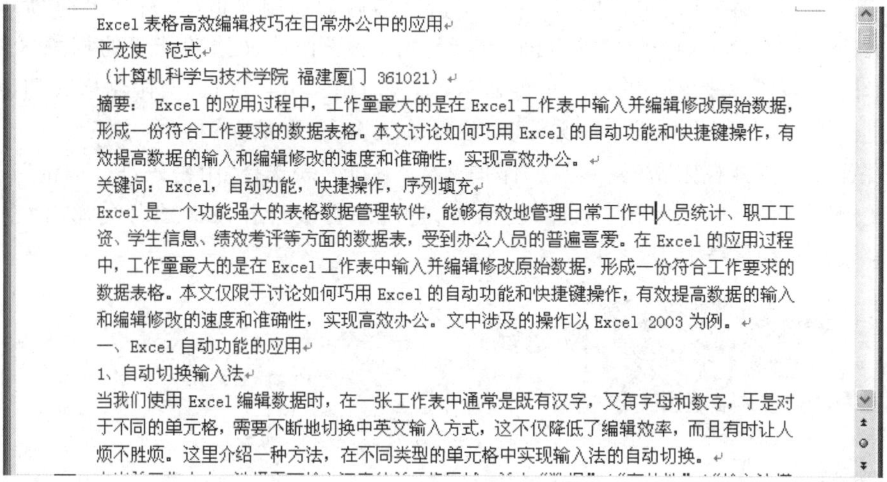

Excel 表格高效编辑技巧在日常办公中的应用
严龙使　范式
（计算机科学与技术学院 福建厦门 361021）
摘要：Excel 的应用过程中，工作量最大的是在 Excel 工作表中输入并编辑修改原始数据，形成一份符合工作要求的数据表格。本文讨论如何巧用 Excel 的自动功能和快捷键操作，有效提高数据的输入和编辑修改的速度和准确性，实现高效办公。
关键词：Excel，自动功能，快捷操作，序列填充
Excel 是一个功能强大的表格数据管理软件，能够有效地管理日常工作中人员统计、职工工资、学生信息、绩效考评等方面的数据表，受到办公人员的普遍喜爱。在 Excel 的应用过程中，工作量最大的是在 Excel 工作表中输入并编辑修改原始数据，形成一份符合工作要求的数据表格。本文仅限于讨论如何巧用 Excel 的自动功能和快捷键操作，有效提高数据的输入和编辑修改的速度和准确性，实现高效办公。文中涉及的操作以 Excel 2003 为例。
一、Excel 自动功能的应用
1、自动切换输入法
当我们使用 Excel 编辑数据时，在一张工作表中通常是既有汉字，又有字母和数字，于是对于不同的单元格，需要不断地切换中英文输入方式，这不仅降低了编辑效率，而且有时让人烦不胜烦。这里介绍一种方法，在不同类型的单元格中实现输入法的自动切换。

图 4-11　文档原文

（2）按照图 4-12 所示的格式化效果，将文章的题目设置为黑体三号字加粗，并将题目、作者和所在单位信息居中显示，作者姓名行设置段前段后各 0.5 行；"摘要"和"关键词"黑体加粗，段落中其他文字改为楷体，并将这两个段落左右缩进 2 个字符；"摘要"段落段前 0.5 行，"关键词"段落段后 0.5 行；之后的文章正文除带有"一，二…"和"1，2…"编号的标题外所有段落首行缩进 2 个字符。

2. 文档标题样式的设置与修改

（1）选中带有"一，二…"编号的所有标题以及"参考文献"段落，使用"开始"选项卡套用"标题 1"样式；选中带有"1，2…"编号的所有标题，套用"标题 2"样式。

（2）可以看到"标题 1"样式的文字字号和段落间距偏大，可考虑修改样式。现将其文字字号改为"三号"，段前和段后间距改为 5 磅，行距改为"单倍行距"。同样，将"标题 2"样式段前和段后间距改为 5 磅，行距改为"单倍行距"。所做的修改将对整篇文章的各个相应部分起作用。结果如图 4-12 所示。

> 提示：用户可以随时修改 Word 预定义样式和用户自定义样式。方法是，使用"开始"选项卡"样式"组的对话框启动按钮打开"样式"窗格，右键单击"标题 1"项，在快捷菜单中选择"修改"打开"修改样式"对话框，再单击其右下角的"格式"按钮，使用其中的"字体""段落"等对话框进行操作。

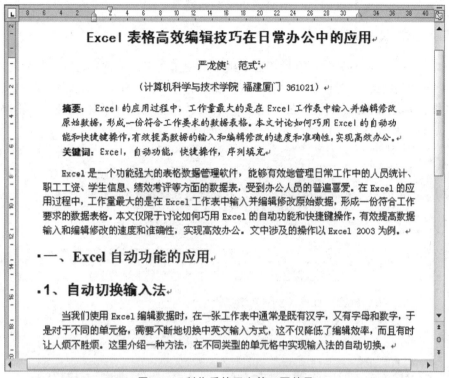

图 4-12　制作后的正文第 1 页效果

3. 将文档分节,为第 1 节和第 2 节设置不同的页眉页脚

(1)将光标定位在文章题目之前,在"页面布局"选项卡"分隔符"下拉列表选择"分节符"类型为"下一页",则文档被分为两节,第 1 节为空白页(准备放置文章的目录),第 2 节从新的一页开始。

(2)将第 2 节的文章题目复制到第 1 节,在其后第 2 行输入"目录"二字,将两行文字居中显示,以备后续自动生成并显示文档目录。

(3)将光标置于第 1 节,使用"插入"选项卡"页眉"下拉列表的"编辑页眉"命令进入页眉编辑状态。在页眉处插入某一图案(本实验插入某高校计算机科学与技术学院徽标),页脚留空。结果如图 4-16 页眉位置所示。

(4)单击"页眉和页脚工具—设计"选项卡"导航"组的"下一节"按钮切换到第 2 节的页眉处,并单击"链接到前一条页眉"按钮,取消默认的"与上一节相同",在页眉居中位置输入文章题目"Excel 表格高效编辑技巧在日常办公中的应用";单击"转至页脚"按钮切换到页脚区域,并单击"链接到前一条页眉"按钮取消默认的"与上一节相同",单击"页码"命令在下拉列表中选用"页面底端"的"普通数字 3"项。

提示:若不使用默认的阿拉伯数字页码格式,可在"页码"下拉列表选择"页码格式"命令打开对话框,在其中的"编号格式"下拉列表选择别的样式。

我们经常还会为同一节的奇数页和偶数页设置不同的页眉页脚,使用"页眉和页脚工具—设计"选项卡的"奇偶页不同"命令即可达到这一效果。

（5）单击"关闭页眉和页脚"命令，回到正文编辑状态。

4. 插入题注、脚注和尾注

（1）本文档中有 6 个插图，所有插图需要编号以便正文引用。首先，选择"引用"选项卡"插入题注"命令，打开"题注"对话框，使用其中的"新建标签"按钮自定义一个标签"图"。再将光标定位在要添加题注的插图下方，在"题注"对话框的"标签"框选择"图"选项并单击"确定"，接着在题注后输入题注内容。依次为 6 个插图都加上题注，结果如图 4-13 所示。

> 提示：如果在文中插入新的图片及其题注，则其后的题注编号会自动更新，如果在文中删除已有的图片及其题注，则右键单击后续题注编号，在快捷菜单中选择"更新域"也能自动更新编号，而无须手工逐一修改。

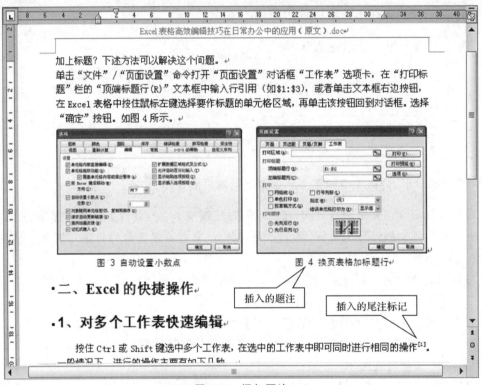

图 4-13　添加题注

（2）将光标定位在第一作者"严龙使"后，选择"引用"选项卡的"插入脚注"命令进入"脚注"编辑状态，输入注释内容。对第二作者，做同样的操作。如图 4-14 所示，对"严龙使"添加了脚注后，在该文本后出现脚注标记"1"（表示这是第 1 个脚注），与此对应的页面底部的脚注区中"1"之后是用户输入的脚注内容。

> 提示：在同一页文档中，如果有多个脚注，则系统依次编号为 1,2,3…删除某一脚注后，Word 将自动按照新的顺序对注释进行重新编号。

在“模式”框中选择“关闭（英文模式）”并单击“确定”（注：默认输入法必须是英文）。之后，当插入点处于不同的单元格时，Excel 能够根据我们之前的设置，自动在中英文输入法间进行切换。即当插入点处于刚才我们设置为输入汉字的单元格时，系统自动切换到中文

[1] 计算机科学与技术学院教授，研究方向计算机应用

[2] 数学学院讲师，研究方向人工智能

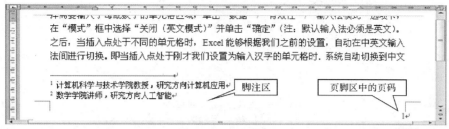

图 4-14 添加脚注

(3)将文档最后所列的参考文献用尾注的方式列示。将光标定位在文档正文中引用参考文献的位置(如文中小标题“1. 对多个工作表快速编辑”的下一行行末，如图 4-13 右下角所示)，选择“引用”选项卡“插入尾注”命令进入“尾注”编辑状态，输入尾注内容(如作者、书名、出版社、出版日期等信息)。

提示：论文中的参考文献编号一般使用“[1]，[2]…”这样的编号形式，但 Word 尾注的编号默认采用“上标”形式的罗马数字“i，ii，iii…”且不出现“[]”。解决办法是，选中尾注标记，先使用“开始”选项卡打开“字体”对话框，去除“上标”的选中状态并单击“确定”。再使用“引用”选项卡“脚注”组的对话框启动按钮打开“脚注和尾注”对话框，在“编号格式”下拉列表选择“1，2，3…”项并单击“确定”。最后，在尾注标记两侧手工输入“[]”。结果如图 4-15 所示。

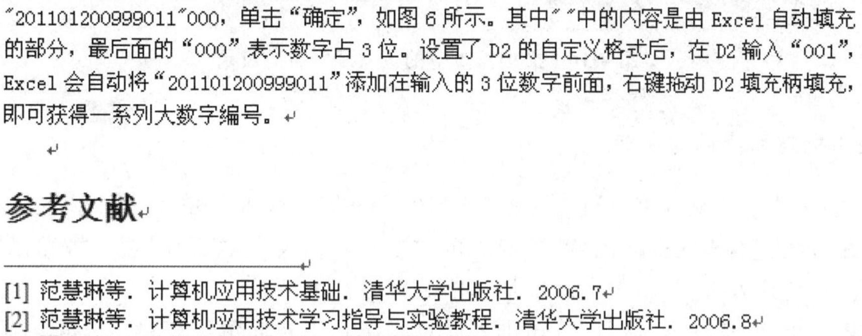

"201101200999011"000，单击“确定”，如图 6 所示。其中" "中的内容是由 Excel 自动填充的部分，最后面的“000”表示数字占 3 位。设置了 D2 的自定义格式后，在 D2 输入“001”，Excel 会自动将“201101200999011”添加在输入的 3 位数字前面，右键拖动 D2 填充柄填充，即可获得一系列大数字编号。

参考文献

[1] 范慧琳等. 计算机应用技术基础. 清华大学出版社. 2006.7

[2] 范慧琳等. 计算机应用技术学习指导与实验教程. 清华大学出版社. 2006.8

[3] 鄂大伟等. 大学信息技术基础. 厦门大学出版社. 2009.8

图 4-15 添加尾注

5. 在文档的第 1 节生成目录

(1)将光标定位在第 1 节(本节只有 1 页)“目录”的下一行，打开“引用”选项卡“目录”命令的下拉列表并选择“插入目录”打开“目录”对话框，将“显示级别”栏设置为 2(本例只有 2 级目录)并单击“确定”，目录自动生成，如图 4-16 所示。

(2)查看目录，用鼠标指向目录中的某一标题级别(如“8.Excel 快速排序”)，按下 Ctrl 键并单击该标题级别可快速跳转到文档中该标题级别所在处，对该标题下对应的文档正文进行编辑。

(3)如果文档编辑修改使得标题内容、页码等发生变化，右击目录区从快捷菜单中选择“更新域”，打开“更新目录”对话框进行更新。

COMPUTER SCIENCE AND TECHNOLOGY
——计算机科学与技术——

Excel 表格高效编辑技巧在日常办公中的应用

目录

图 4-16　文档第 1 节的页眉及文首的目录

6. 使用批注和修订的功能

（1）选中文档正文倒数第 4 行的文本"201101200999011"000，单击"审阅"选项卡"新建批注"命令，在"批注"框输入批注内容"其中的双引号必须是英文标点符号"。将光标置于"参考文献"的上一行，插入批注"是否考虑增加一段结束语？"。

（2）单击"审阅"选项卡"修订"按钮进入修订状态。将光标定位在最后一页第 1 行的文字"……选项卡"后，插入修订内容（插入的内容带下划线并红色显示）。选中第 4 行的文本"上面的方法对超过 15 位的大数字就不奏效了，因为"，按 Delete 键。查看文档显示情况，如图 4-17 所示。

（3）右击批注框，在快捷菜单中选择"删除批注"。右击以上插入的修订内容，在快捷菜单中选择"接受插入"。右击以上删除的修订内容，选择"拒绝删除"。

（4）使用"文件"下拉菜单的"打印"命令，预览全文编排结果。将文档存放在"D:\Word 操作"文件夹中，文件名为"实验 4-1.docx"，退出 Word。

4.2　模板的应用

模板是一种特殊的 Word 文档，它包含特定的页面设置、文本及段落的样式、特定需要的文字和图片等内容，供用户以模板为基准，批量创建具有相同规格要求的文档。模板可以反复

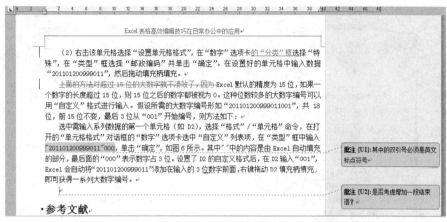

图 4-17　批注与修订

使用,用户根据自己的需要选择一种模板后,只需添加自己的内容,就可以生成具有特定格式的文档,而模板保持不变。模板的类型是"文档模板",其文件扩展名为.dotx;普通文档的类型是"Word 文档",其文件扩展名为.docx。

　　Word 提供了大量的模板,使用"文件"下拉菜单的"新建"进入"可用模板"界面,含有"信封""合同、协议、法律文书""简历"等模板,用户可以在新建文档时直接使用它们。当然,用户也可以将自己设计好的文档保存为模板,定制出符合个人需求的模板。创建新模板时,还可以选择已有的模板作为建立新模板的基础。

【实验任务 4-2】利用模板制作邀请函

实验目标

(1)会使用模板新建文档并保存。

(2)选择一种合适的预置模板制作邀请函。

实验内容与操作提示

(1)使用"文件"下拉菜单的"新建"进入"可用模板"界面并选择"聚会",Word 2010 将连接"Office.com"并列出模板分类列表,从中选择一种合适的聚会邀请函,如图 4-18 所示。

(2)将模板中预设的内容更改为实际所需的内容,如图 4-19 所示。

(3)单击"文件"下拉菜单的"另存为",将文档存放在"D:\Word 操作"文件夹中,文件名为"实验 4-2.docx",退出 Word。

4.3　邮件合并的应用

　　在日常工作中,常常要制作一些发送量大而内容又大同小异的公务文档,如请柬、商品报价单、会议通知等,其主体内容相同,只是接收方的名称等因人而异。这些文档如果一份一份地制作,显然费时费力。如果利用 Word 的"邮件合并"功能来完成,不但速度快,而且不易出差错,可以大大减少工作量。

　　例如,要制作请柬,请柬的主体内容、形式相同,只是其中某些词条不同,如被邀请人姓名、

图 4-18　套用聚会邀请函模板

图 4-19　更改模板内容

出席的地点等。在邮件合并中，只要制作一份作为请柬内容的"主文档"，它包括请柬上共有的信息，再制作一份被邀请人名单（称为"数据源"），里面可存放若干个被邀请人的姓名等相关信息，然后在主文档中加入数据源所提供的可变信息（称为"合并域"），通过邮件合并功能，就可以生成若干份请柬。

【实验任务 4-3】利用邮件合并批量制作学生成绩通知单

实验目标

（1）理解"主文档"和"数据源"的含义。

（2）掌握邮件合并的操作过程。

（3）利用邮件合并批量制作学生成绩通知单。

实验内容与操作提示

以制作学生成绩通知单为例，通过"邮件合并"制作成批文档。

（1）创建一个空白文档，使用"页面布局"选项卡打开"页面设置"对话框将纸张大小设置为宽度 21 厘米、高度 10 厘米、左右页边距 2 厘米，使页面适合于成绩单的尺寸。

（2）建立主文档，即在文档中输入每份成绩单上共有的文本或表格（图 4-20），保存为"成绩通知单.docx"文件。接着建立数据源文件，存放一些可变的数据（图 4-21），保存为"学生成绩.docx"文件，保存在"D:\Word 操作"文件夹中。

> 提示：存放学生成绩的 Word 表格必须在一页的第一行开始，否则会出现错误。也可以使用已有的 Excel 文件的工作表中的数据作为数据源。

（3）打开已经制作好的主文档，使用"邮件"选项卡（图 4-22）的"开始邮件合并"按钮，在下拉列表中选择"信函"项。使用"选择收件人"下拉列表的"使用现有列表"项，在打开的"选取数据源"对话框中选中已建立的"学生成绩.docx"文件并单击"打开"。

图 4-20　主文档

姓名	英语	高等数学	计算机应用	大学语文
斯蒂芬	65	68	86	72
成果	75	78	61	69
佟瑞仁	92	85	95	81
张曼儿	77	58	73	86
李靖	74	67	81	75

图 4-21　数据源文件

图 4-22　"邮件"选项卡

（4）将插入点光标放置到文字"同学"的前面，单击"插入合并域"命令的下拉按钮，在下拉列表选择"姓名"项，此时插入点光标处插入了一个《姓名》域。用相同的方法在表格中插入余下的 4 个域，如图 4-23 所示。

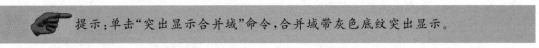

提示：单击"突出显示合并域"命令，合并域带灰色底纹突出显示。

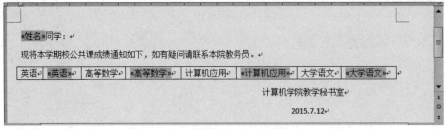

图 4-23　插入合并域

（5）单击"预览结果"命令，预览插入域之后的效果。单击"完成并合并"按钮，在下拉列表中选择"编辑单个文档"打开"合并到新文档"对话框，选择"全部"项并单击"确定"。此时

Word 创建了一个新文档，新文档将按照数据源文件中的人名依次显示各成绩单，如图 4-24 所示。

（6）将新文档以文件名"实验 4-3. docx"保存在"D:\Word 操作"中，退出 Word。

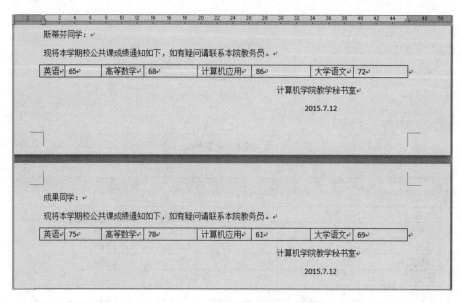

图 4-24　完成合并后创建的新文档

实验项目 5　Excel 电子表格基本操作

　　Excel 2010 是 Microsoft Office 2010 办公套装软件中的电子表格处理软件,它以电子表格为操作平台,具有数据记录与整理、数据计算、数据分析以及图表制作等功能。Excel 以其直观的界面、出色的计算功能和图表工具,广泛地应用于管理、统计财经、金融等众多领域。

　　本实验项目通过建立工作表、格式化工作表、工作表数据管理、工作表数据图表化和打印工作表 5 项任务的学习,掌握 Excel 电子表格的基本操作。

5.1　建立和编辑工作表

【实验任务 5-1】工作表的创建和编辑

　　在"网上电器超市销售报表.xlsx"工作簿中创建名为"一季度"的工作表,输入如图 5-1 所示的数据。

	A	B	C	D	E	F	G	H
1				网上电器超市一季度销售报表				
2							制表日期:2016年4月8日	
3	产品编号	产品名称	月份	媒体价(元)	成交价(元)	成交量(台)	成交金额(万元)	折扣率
4	01	复印机	一月	89000	67000	4		
5	01	复印机	二月	89600	58500	3		
6	01	复印机	三月	79800	53500	6		
7	02	笔记本	一月	10050	9300	12		
8	02	笔记本	二月	9380	8600	8		
9	02	笔记本	三月	8900	8210	16		
10	03	扫描仪	一月	1480	1280	23		
11	03	扫描仪	二月	1190	990	26		
12	03	扫描仪	三月	1390	1220	34		
13	04	数码摄像机	一月	8200	7660	21		
14	04	数码摄像机	二月	7800	7100	34		
15	04	数码摄像机	三月	8900	7100	43		
16	05	台式机	一月	9499	9200	46		
17	05	台式机	二月	10099	9870	23		
18	05	台式机	三月	10099	9870	56		

　　一季度　Sheet2　Sheet3

图 5-1　"一季度销售报表"原始数据

5.1.1　知识准备

1. 基本概念

　　(1)工作簿。在 Excel 中,工作簿是用来处理并存储数据的文件,工作簿名就是文件名。启动 Excel 2010 时,系统会自动创建一个默认的空白工作簿文件,文件名为"工作簿 1",扩展名为".xlsx"。

　　(2)工作表。工作表是工作簿的基本组成元素,一个工作簿可以包含多个工作表,一张工作表就是由行和列组成的二维表格，是 Excel 用来组织和管理数据的地方。在一个打开的工作簿中，同一时刻只能有一张工作表处于活动状态，称为活动工作表或当前工作表。

（3）单元格。每个工作表由行和列组成，行和列交叉形成的网格称为单元格。单元格是 Excel 工作的基本单位，每个单元格都有一个名称，其名称由列标号（A，B，C，D，…）和行标号（1，2，3，4，5，…）组成，如列 D 和行 6 处的单元格名称为 D6。

2. 数据类型

在 Excel 中，常用的数据类型有数值型、文本型、日期型等，不同类型的数据，输入方法有所不同。

（1）数值型数据。数值型数据由数字、正负号、小数点、括弧、百分号、千分号、货币符号等组合而成，所有以其他字符组合方式输入的数据均作为文本处理。在默认状态下，数值型数据在单元格中均右对齐显示。

数字前输入"＋"时，将不显示正号，数字前输入"－"或输入带括弧的数字，均作为负数处理，输入"."被视为小数点。

输入分数时，如 4/5，应先输入"0"和一个空格，然后输入"4/5"，若直接输入"4/5"，则作为日期型数据处理。

Excel 中的数值也可以使用科学计数法表示，如输入 1e8，表示输入的数值为 10 的 8 次方。

（2）文本型数据。在 Excel 中，文本是作为字符串处理的数据。若要将输入的数值作为文本处理，可在数值前加英文的单引号。

（3）日期型数据。Excel 中输入日期型数据时，日期使用"-"或"/"作为年、月、日的分隔符，如 3-6 或 3/6 表示 3 月 6 日；时间使用汉字"时""分""秒"或英文半角冒号作为分隔符，如下午 18 时 15 分 30 秒或 18:15:30pm 均表示时间数据。

3. Excel 工作界面

启动 Excel 2010 后，将打开如图 5-2 所示的窗口。Excel 窗口与 Word 窗口风格十分相似，都有"标题栏""快速访问工具栏""选项卡""功能区""工作区""状态栏"等，但具体内容有较大区别，其中最大的区别就是工作区（图 5-2）。

图 5-2　Excel 工作界面

（1）工作区。Excel 的工作区是基于单元格的，单击一个单元格就可使其成为活动单元格,四周有粗黑框,且单元格名称显示在名称栏中,此时用户可以向单元格输入内容。在同一时刻,只能有一个单元格处于活动状态。

（2）名称栏。名称栏显示当前的活动单元格名称。如在图5-2中,活动单元格在第A列、第1行,其名称为A1。

（3）编辑栏。编辑栏用来显示相应单元格中的常数、公式或文本等内容。

（4）工作表标签。工作表标签显示当前工作簿中所包含的工作表,当前工作表以白底显示。单击标签可以切换工作表,右击标签可以插入、删除、重命名、移动或复制工作表。

4. 选取工作表区域

选取工作表区域的方法有多种,操作如下:

（1）选取任意区域。将鼠标指向要选择区域的第一个单元格,按下鼠标并拖曳到结束单元格位置,然后放开鼠标,选中的区域以蓝底高亮显示。

（2）选取单行或多行。将鼠标指向行标处,指针形状变为➡时,单击可以选取该行,拖曳鼠标则选取连续的多行,单击的同时按下Ctrl键则可以选取不连续的多行。

（3）选取单列或多列。将鼠标指向列标处,指针形状变为⬇时,单击可以选取该列,拖曳鼠标则选取连续的多列,单击的同时按下Ctrl键则可以选取不连续的多列。

（4）选取整张工作表。按下Ctrl＋A组合键,或单击工作表左上角的行标和列标交叉处的"全选"按钮▨,可以选取整张工作表。

Excel中,连续的区域还可以用"起始单元格名称:结束单元格名称"的形式表示,在名称栏中,输入以上形式的名称也可以选择工作表区域,操作如下:

（1）在名称栏中输入"D:H"后按回车键,则选中D列到H列的连续区域。

（2）在名称栏中输入"3:6"后按回车键,则选中3行到6行的连续区域。

（3）在名称栏中输入"D3:H6"后按回车键,则选中D3单元格到H6单元格的连续区域。

5. 插入操作

单击"开始"选项卡"单元格"选项组的"插入"按钮,将弹出如图5-3所示的下拉框,其各项的作用如下:

（1）插入单元格。弹出"插入"对话框（图5-4）,选择插入方式后,单击"确定"按钮,可按选择的插入方式在当前单元格之前或之上插入单元格、行或列。

图5-3 "插入"下拉框

图5-4 "插入"对话框

（2）插入工作表行。在当前单元格之上插入一行。

（3）插入工作表列。在当前单元格之前插入一列。

（4）插入工作表。在当前工作表之前插入一个空白工作表。

6. 删除操作

单击"开始"选项卡"单元格"选项组的"删除"按钮，将弹出如图 5-5 所示下拉框，其各项的作用如下：

（1）删除单元格。弹出"删除"对话框（图 5-6），选择插入方式后，单击"确定"按钮，可按选择的删除方式删除当前单元格或其所在行、列。

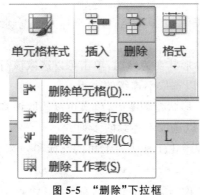
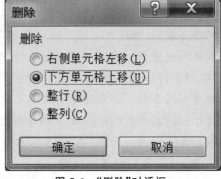

图 5-5 "删除"下拉框   图 5-6 "删除"对话框

（2）删除工作表行。删除当前单元格所在行。

（3）删除工作表列。删除当前单元格所在列。

（4）删除工作表。删除当前工作表。

此外，选择单元格区域后，按下 Delete 键，则只清除数据内容，保留数据所占据的单元格区域。

7. 移动与复制数据

Excel 中的复制和移动操作与 Word 中的操作相同，也是先选中需要复制或移动的区域，然后使用"开始"选项卡"剪贴板"选项组中的"复制""剪切""粘贴"命令进行相应的操作。如果粘贴的目标区域有数据，则复制或移动过来的数据会覆盖原来的数据。

8. 插入粘贴

在目标位置插入复制的单元格，操作步骤如下：

（1）选择需要复制或移动的单元格区域，右击该区域，在弹出的快捷菜单中选择"复制"。

（2）右击目标单元格，在弹出的快捷菜单中选择"插入复制单元格"，将打开如图 5-7 所示的"插入粘贴"对话框。

（3）选择插入方式后，单击"确定"按钮，则以相应的插入方式复制源数据到目标位置。

同样的方法，使用"剪切"命令，可以将源数据以插入的方式移动到目标位置。

9. 移动和复制工作表

右击工作表标签，在弹出的快捷菜单中选择"移动或复制"项，打开"移动或复制工作表"对话框(图 5-8),可以移动或复制工作表。在图 5-8 中勾选"建立副本"表示复制工作表。

图 5-7 "插入粘贴"对话框   图 5-8 "移动或复制工作表"对话框

此外,通过鼠标拖曳工作表也可以移动或复制工作表。鼠标拖曳工作表标签到目标位置后放开鼠标,可以移动工作表到目标位置。在拖曳过程中会出现一个黑色小三角形,指示工作表要插入的位置。如果在拖曳工作表标签的同时按下 Ctrl 键,则可将工作表复制一份到目标位置。

5.1.2 任务实现

启动 Excel 2010,根据图 5-1,在当前工作表"Sheet1"中完成如下操作:

(1)选中第 1 行任意一个单元格,单击"开始"选项卡"单元格"选项组的"插入"→"工作表行"项,则在行 1 前插入一空行,原来的行 1 变为行 2。

(2)重复步骤(1),在新的行 1 前再插入一空行,原来的行 1 变成行 3。

(3)选中 A1 到 H1 单元格,单击"开始"选项卡"对齐方式"选项组的"合并后居中"按钮(图 5-9),合并后的单元格名称为 A1,在 A1 中输入"网上电器超市一季度销售报表"。

图 5-9 合并单元格

(4)合并 A2 到 H2 单元格为 A2,并输入"制表日期:2016 年 4 月 8 日",单击"开始"选项卡"对齐方式"选项组的右对齐按钮▤。

(5)输入第 1 行数据,即"产品编号""产品名称""月份""媒体价(元)""成交价(元)""成交量(台)""成交金额(万元)""折扣率"。

(6)在 A4 单元格中输入"'01",如图 5-10 所示。将鼠标指针移到 A4 单元格右下角的填充控制点—✛—处，鼠标指针形状变为十字形时，向下拖曳鼠标到 A6 单元格，放开鼠标，单击"自动填充选项"图标，选择"复制单元格"项。

图 5-10 自动填充数据

（7）以相同的方法输入 A7 到 A18 单元格中的数据。

（8）在 B 列中输入产品名称，对于连续相同的产品名称，可以使用步骤（6）相同的复制单元格方法快速填充数据。

（9）在 C4 单元格中输入"一月"后，以"填充序列"方式自动填充数据到 C6 单元格，如图 5-11 所示。

图 5-11 "填充序列"方式填充数据

（10）选中 C4:C6 区域，按下 Ctrl＋C 组合键（单击"开始"选项卡"对齐方式"选项组的"复制"按钮），复制该区域信息；然后单击 C7 单元格，按下 Ctrl＋V 组合键（或单击"开始"选项卡"对齐方式"选项组的"粘贴"按钮），将 C4:C6 区域的月份复制到 C7:C9 区域。以相同的方法复制剩余的月份。

（11）根据图 5-1，输入其他单元格数据，"成交金额"列和"折扣率"列暂不填数据。

（12）右击当前工作表标签，选择"重命名"项如图 5-12 所示，此时"Sheet1"以黑底白字高亮显示，输入工作表名称"一季度"。

（13）单击快速访问工具栏的保存按钮，将工作簿保存为"网上电器超市销售报表.xlsx"，然后关闭。

图 5-12　重命名工作表

5.2　工作表格式设置

【实验任务 5-2】设置工作表的格式

根据图 5-13,对"网上电器超市销售报表.xlsx"工作簿中"一季度"工作表做如下设置:

	A	B	C	D	E	F	G	H
1				网上电器超市一季度销售报表				
2							制表日期:2016年4月8日	
3	产品编号	产品名称	月份	媒体价(元)	成交价(元)	成交量(台)	成交金额(万元)	折扣率
4	01	复印机	一月	¥　89,000	¥　67,000	4		
5	01	复印机	二月	¥　89,600	¥　58,500	3		
6	01	复印机	三月	¥　79,800	¥　53,500	6		
7	02	笔记本	一月	¥　10,050	¥　9,300	12		
8	02	笔记本	二月	¥　9,380	¥　8,600	8		
9	02	笔记本	三月	¥　8,900	¥　8,210	16		
10	03	扫描仪	一月	¥　1,480	¥　1,280	23		
11	03	扫描仪	二月	¥　1,190	¥　990	26		
12	03	扫描仪	三月	¥　1,390	¥　1,220	34		
13	04	数码摄像机	一月	¥　8,200	¥　7,660	21		
14	04	数码摄像机	二月	¥　7,800	¥　7,100	34		
15	04	数码摄像机	三月	¥　8,900	¥　7,100	43		
16	05	台式机	一月	¥　9,499	¥　9,200	46		
17	05	台式机	二月	¥　10,099	¥　9,870	23		
18	05	台式机	三月	¥　10,099	¥　9,870	56		

图 5-13　任务 5-2 示例

(1)设置所有单元格中的内容自动换行。

(2)设置第 3 行的行高为 30,第 5～18 行的行高为 20。

(3)将 A1 单元格字体设置为黑体,24 号;A2 单元格字体为楷体,12 号。

(4)设置 A3:H18 区域单元格的对齐方式为水平、垂直居中。

(5)设置 A3:H3 区域单元格背景色为自定义 RGB(220,230,240),图案为深蓝色、12.5% 灰色。

(6)设置 A3:H18 区域细内框、粗外框。

(7)设置"媒体价""成交价""成交金额"为中文会计数字格式,其中"媒体价"和"成交价"取整,"折扣率"为百分比格式、保留一位小数。

(8)调整各列宽度,除第 1 列外,其他列为最合适宽度。

（9）设置"成交量"前5项的单元格填充颜色为自定义颜色RGB(255,255,0)。

5.2.1　知识准备

1."对齐方式"选项组

"开始"选项卡"对齐方式"选项组如图5-14所示,各按钮功能如下：

（1）自动换行。通过多行显示,使单元格的内容全部可见。

（2）合并后居中。合并单元格并居中对齐单元格内容。

（3）减/增缩进量。减少或增加单元格内文字与边框的距离。

（4）方向。更改旋转单元格内文字的方向。

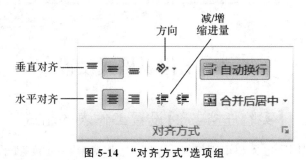

图5-14　"对齐方式"选项组

2."数字"选项组

"开始"选项卡"数字"选项组如图5-15所示,各按钮功能如下：

（1）会计格式。单元格中数据以中文、英文、欧元等货币样式显示。

（2）百分比样式。单元格中数据以百分比样式显示,如单元格中数据为0.123,单击该按钮后则显示为12.3%。

（3）千位分隔样式。单元格中数据每隔3位用逗号分隔,是财务上经常使用的数据格式,如单元格中数据为12345678,单击该按钮后则显示为12,345,678。

（4）增加小数位数。单击该按钮一次,小数点位数增加一位,如单元格中数据为1.25,单击该按钮后则显示为1.250。

（5）减少小数位数。单击该按钮一次,小数点位数减少一位,如单元格中数据为1.25,单击该按钮后则显示为1.3。

（6）数字格式下拉框。提供更多的单元格显示格式,如日期、时间等。

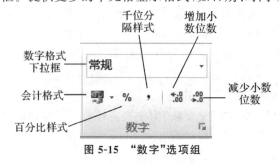

图5-15　"数字"选项组

3. 边框设置

单击"开始"选项卡"字体"选项组中"边框"按钮 ⊞ ▾，打开下拉列表，选择其中的项目，可以设置单元格的边框样式。

4. "设置单元格格式"对话框

单击"开始"选项卡"单元格"选项组的"格式"，单击"设置单元格格式"项，打开"设置单元格格式"对话框，如图 5-16 所示。此外，单击"开始"选项卡"数字""对齐方式""字体"选项组右下角的小箭头，以及"字体"选项组中的"边框"按钮，可以打开与该对话框相对应的选项卡。

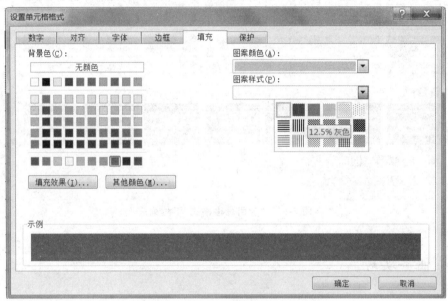

图 5-16 "设置单元格格式"对话框

图 5-16 显示的是"填充"选项卡界面，其中"背景色"调色板用来设置单元格填充颜色，选中的颜色会显示在"示例"面板上，"图案颜色"和"图案样式"用来设置单元格的填充图案。

5. 套用表格格式

Excel 提供了预定义的工作表样式，用户可以根据自己的需要套用这些预定义样式，以提高工作效率。套用表格格式的操作步骤如下：

(1)选取要格式化的区域。

(2)单击"开始"选项卡"样式"选项组的"套用表格格式"项，弹出表格样式列表，其中列出了可以套用的各种样式供用户选择，如图 5-17 所示。"新建表样式"可以由用户自己创建表格样式进行套用。

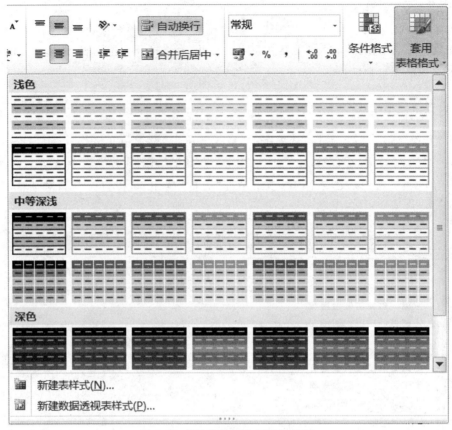

图 5-17 "套用表格格式"下拉列表

5.2.2 任务实现

打开"网上电器超市销售报表.xlsx"工作簿，选中"一季度"工作表，完成如下任务：

（1）设置所有单元格中的内容自动换行。

选中 A1:H18 区域，单击"开始"选项卡"对齐方式"选项组的"自动换行"按钮 ![自动换行] 。

（2）设置第 3 行的行高为 30，第 5～18 行的行高为 20。

①选中第 3 行，单击"开始"选项卡"单元格"选项组的"格式"，单击"行高"项（图 5-18），在弹出的"行高"对话框中输入 30，单击"确定"按钮。

②选中第 5～18 行，以相同的方法设置行高为 20。

（3）将 A1 单元格字体设置为黑体，24 号；A2 单元格字体为楷体，12 号。

字体格式设置方法同 Word，操作步骤略。

（4）设置 A3:H18 区域单元格的对齐方式为水平、垂直居中。

选中 A3:H18 区域，分别单击"开始"选项卡"对齐方式"选项组的"垂直对齐"和"水平对齐"按钮，如图 5-19 所示。

图 5-18　设置行高

图 5-19　水平垂直居中

（5）设置 A3:H3 区域单元格背景色为自定义 RGB（220,230,240），图案为深蓝色、12.5％灰色。

选中 A3:H3 区域，单击"开始"选项卡"单元格"选项组的"格式"，单击"设置单元格格式"项，在弹出的"设置单元格格式"对话框中单击"填充"选项卡，然后按图 5-20 所示进行设置。

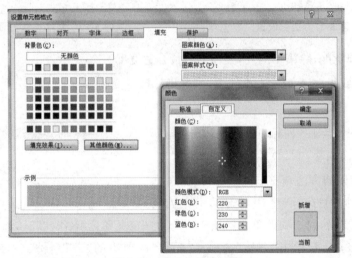

图 5-20　单元格样式设置

（6）设置 A3:H18 区域细内框、粗外框。

选中 A3:H18 区域，单击"开始"选项卡"字体"选项组中的"框线"按钮，在下拉框中先选择"所有框线"，再选择"粗匣框线"，如图 5-21 所示。

（7）设置"媒体价""成交价""成交金额"为中文会计数字格式，其中"媒体价"和"成交价"取整，"折扣率"为百分比格式、保留一位小数。

①选中 G 列，单击"开始"选项卡"数字"选项组的"会计数字格式"，单击"￥中文（中国）"项，如图 5-22 所示。

②选中 E 列，重复前面的数字格式设置操作，然后单击"减少小数位数"按钮 两次。

③使用与 E 列相同的方法设置 D 列的数字格式。

④选中 H 列，单击图 5-22 中的"％"按钮，然后单击"增加小数位数"按钮 。

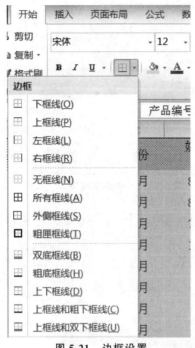

图 5-21 边框设置

图 5-22 数字格式设置

（8）调整各列宽度，除第 1 列外，其他列为最合适宽度。

①将鼠标指针指向 A 列标右框线上，鼠标指针形状变为 ⇿ 时，根据图 5-13 拖曳鼠标调整列宽。

②将鼠标指针指向 B 列标右框线上，鼠标指针形状变为 ⇿ 时，双击，使单元格按内容自动调整到最合适的列宽。

③以 A 列相同的方法调整 F，H 列的列宽。

④以 B 列相同的方法调整 C，D，E，G 列的列宽。

（9）设置"成交量"前 5 项的单元格填充颜色为自定义颜色 RGB（255,255,0）。

选中 F4:F18 区域，单击"开始"选项卡"样式"选项组的"条件格式"，再依次单击"项目选取规则""其他规则"项，打开"新建格式规则"对话框，根据图 5-23 所示设置项目数和格式。

完成以上操作后，保存并关闭工作簿。

5.3 工作表数据管理

【实验任务 5-3】工作表数据的计算、排序、筛选和分类汇总

根据图 5-24，对"网上电器超市销售报表.xlsx"工作簿中"一季度"工作表做如下设置：

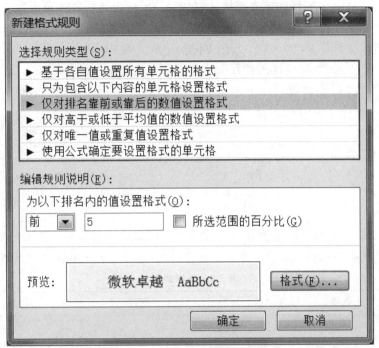

图 5-23 "新建格式规则"对话框

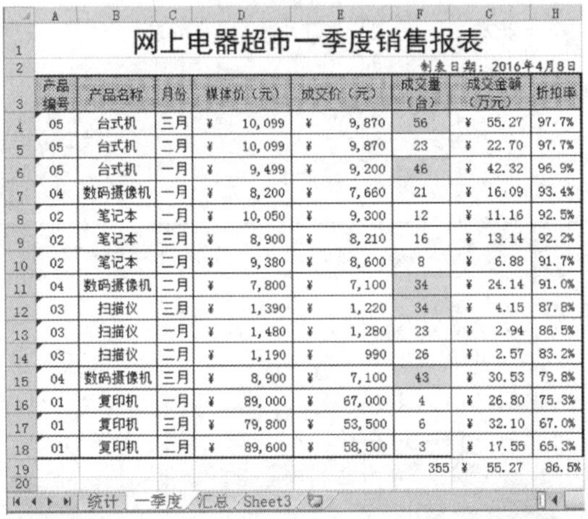

图 5-24 任务 5-3 示例

(1)计算出每种电器的成交金额和折扣率,并填入相应单元格中。(成交金额＝成交价×成交量/10 000,折扣率＝成交价/媒体价)

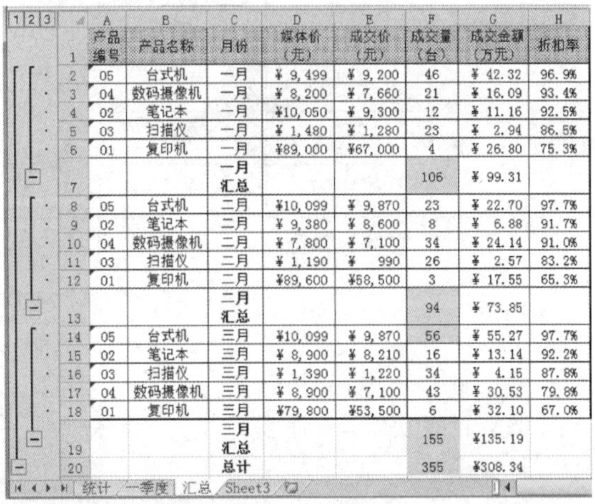

(2)计算出电器总成交量、最高成交金额和平均折扣率,分别填入 F19,G19 和 H19 单元格中。

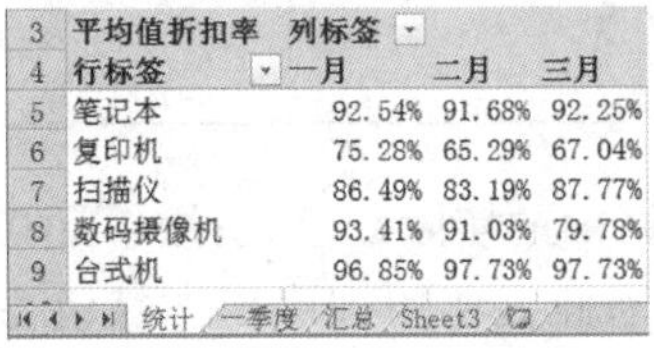

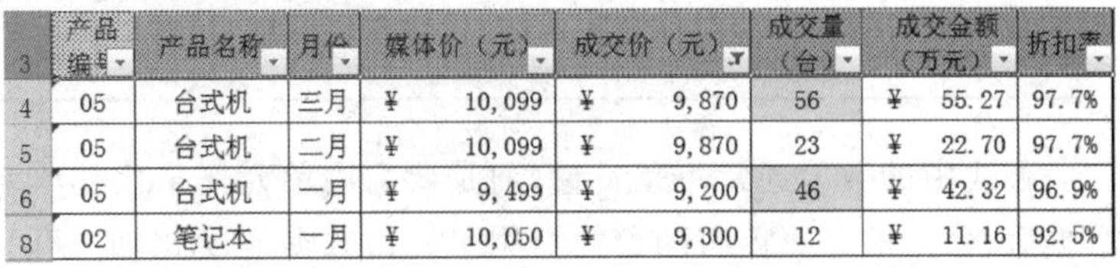

（3）复制 A3:H18 单元格的值和源格式到"汇总"工作表 A1:H16 单元格。

（4）按折扣率降序排序,折扣率相同的按成交量从高到低排列。

（5）筛选出成交价在 9 000～10 000 元(不含 10 000 元)的记录。

（6）在"汇总"工作表中,统计出各月份的电器总成交量和总成交金额。

（7）为"一季度"工作表统计出各种电器各月份的平均折扣率,放在名为"统计"的工作表中。

5.3.1 知识准备

1. 公式

公式是由数值和运算符组成的表达式,Excel 中的运算符主要分为算术运算符、关系运算符、文本运算符和引用运算符 4 类。算术运算符、关系运算符和文本运算符具体说明见表 5-1。

表 5-1 基本运算符

类 型	运算符	名 称	示 例	结 果
算数运算符	( )	括弧	(4^3+8 * 25%)/4	16.5
	^	乘方		
	%	百分数		
	*	乘		
	/	除		
	+	加		
	—	减		
文本运算符	&	连接	"Excel"&"2003"	Excel 2003
关系运算符	=	等于	43<34	FASLE
	<>	不等于		
	>	大于		
	<	小于		
	>=	大于等于		
	<=	小于等于		

公式中的数值通常不是常量,而是要引用单元格来代替单元格中的实际数值,引用单元格数据后,公式的运算值将随着被引用单元格数据的变化而变化。因此需要用到引用运算符来引用单元格。引用运算符有以下 3 种:

（1）冒号(:)。指引用由两对角的单元格围起来的连续单元格区域,如"A4:H18",表示引用 A4 单元格到 H18 单元格之间形成的矩形区域内所有的单元格。此时,若在名称栏输入名称,可以为该区域命名。定义单元格区域名称时应以字母或下划线开头,后跟字母、数字、下划线或句点,不能含有空格,长度不超过 255。

（2）逗号(,)。指引用由逗号分隔的多个不连续单元格,如"A4,H18",表示引用 A4 和

H18 两个单元格。

(3)空格。指引用两个或两个以上单元格区域的重叠部分,如"A4:B6　B5:C7"指两个单元格区域 A4 至 B6 以及 B5 至 C7 的交集部分,即引用 B5,B6 两个单元格。

Excel 提供了 3 种不同的对单元格的引用方式:

(1)相对引用。是指当复制公式时,公式中的引用单元格名称会随之改变,如 G4 单元格中的计算公式为(E4 * F4)/10 000,若将该公式复制到 G5 单元格,则 G5 单元格的公式就自动调整为(E5 * F5)/10 000。

(2)绝对引用。是指被引用的单元格与引用的单元格的位置关系是绝对的,公式将不随位置的改变而变化。在行号和列号前面都添加"＄"符号表示绝对引用,如将 G4 单元格的公式改为(＄E＄4 * ＄F＄4)/10 000,则该公式复制到任何位置,单元格的引用都不会改变,计算结果也不变。

(3)混合引用。是指在一个公式中允许同时使用绝对引用和相对引用,如将 G4 单元格的公式改为(＄E＄4 * F4)/10 000,若将该公式复制到 G5 单元格,则 G5 单元格的公式就自动调整为(＄E＄4 * F5)/10 000。

要在绝对引用和相对引用之间进行快速切换,可以选中公式后按下 F4 键,如有相对引用"A4＋H18",第 1 次按下 F4 时,引用切换为"＄A＄4＋＄H＄18",第 2 次按下 F4 键时,引用切换为"A＄4＋H＄18"(行绝对引用),第 3 次按下 F4 键时,引用切换为"＄A4＋＄H18"(列绝对引用),第 4 次按下 F4 键时,引用切换回原来状态。

此外,在公式中除了可以引用本工作表的单元格外,还可以引用其他工作表,甚至是其他工作簿的单元格。引用跨工作表和跨工作簿单元格的方法如下:

(1)引用跨工作表的单元格。引用格式为"工作表名!单元格名称",如"Sheet2!A1＋B2"表示引用工作表 Sheet2 中的 A1 单元格和当前工作表中的 B2 单元格。

(2)引用跨工作簿的单元格。引用格式为"[工作簿名]工作表名!单元格地址",如"[Book1]Sheet1!A1＋Sheet2!B2"表示引用 Book1 工作簿的 Sheet1 工作表中的 A1 单元格和当前工作簿的 Sheet2 工作表中的 B2 单元格。

选定单元格后,如果在单元格中输入的是公式而不是常量时,要先输入"＝"再输入公式,按回车键或单击编辑栏中的"√"按钮确认,表示格式输入完毕,单元格中显示计算结果。

2. 函数

函数是一些预定义的公式,Excel 提供了丰富的函数用于执行简单或复杂的计算,如一些常用的日期与时间函数、数学与三角函数、统计函数、文本函数、逻辑函数,还有财务和金融方面的专业函数等。

函数由函数名和参数组成,格式如下:

函数名(参数 1,参数 2,…)

其中,参数可以是单元格名称或常量,表示要参加计算的数据;函数名则表示对应的计算方法,如 AVERAGE 表示求平均值,SUM 表示求和。

在单元格中输入"＝",然后单击名称栏右边的小三角形,打开函数列表,如图 5-25 所示。单击"开始"选项卡"编辑"选项组中"自动求和"按钮右边的小三角形,也可以打开函数列表,如图 5-26 所示。

在函数列表中选择需要的函数,可以进行相应的计算。单击"其他函数"项,将打开"插入

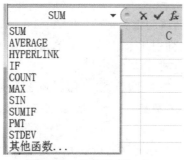
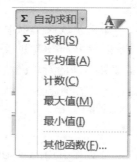

图 5-25　函数列表（一）　　　　　图 5-26　函数列表（二）

函数"对话框，如图 5-27 所示。

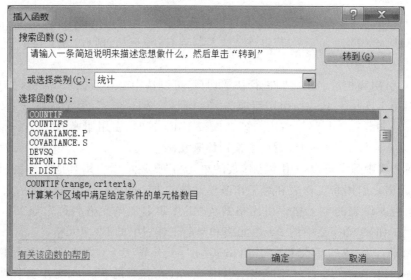

图 5-27　"插入函数"对话框

　　"插入函数"对话框提供关键字搜索和列表选择两种方法来找到要插入的函数。如图 5-27 所示，在"统计"类别中找到"COUNTIF"函数，则在对话框底部显示该函数的功能，单击"确定"按钮，将打开"函数参数"对话框，如图 5-28 所示。在各参数文本框中输入作为参数的单元格名称，也可以在工作表中直接单击相应的单元格，然后单击"确定"按钮完成函数输入。

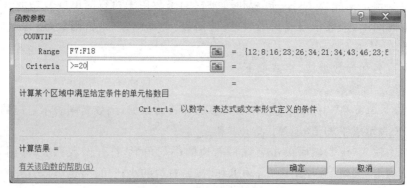

图 5-28　"函数参数"对话框

表 5-2 列出了常用函数的功能及应用示例。

表 5-2　常用函数的功能及应用

函　数	功　能	应用举例	结　果
SUM(number1,number2,…)	返回若干个数的和	SUM(1,2,3)	6
AVERAGE(number1,number2,…)	返回若干个数的平均值	AVERAGE(1,2,3)	2
COUNT(number1,number2,…)	返回若干个数值数据数的个数	COUNT(1,2,3)	3
MAX(number1,number2,…)	返回若干个数的最大值	MAX(4,3,6)	6
MIN(number1,number2,…)	返回若干个数的最小值	MIN(4,3,6)	3
If(关系表达式,表达式 1,表达式 2)	若关系表达式为 TRUE,则返回表达式 1 的值,否则返回表达式 2 的值	IF(3>5,1,0)	0
MID(text,n,p)	返回 text 中第 n 个字符开始的 p 个字符	MID("ABCDE",2,3)	BCD
LEFT(text,n)	返回 text 中左边的 n 个字符	LEFT("ABCDEF",3)	ABC

3. 数据排序

在 Excel 中,利用函数和公式进行计算的操作对象是单元格,而数据排序、筛选和分类汇总的操作对象则是数据清单。

如果是对单列数据排序,则单击需要排序的列中任意单元格,然后通过"数据"选项卡"排序和筛选"选项组的"升序排序"按钮 和"降序排序"按钮 实现排序,如图 5-29 所示。

图 5-29　"排序"、"筛选"和"分类汇总"按钮

如果是对多列数据排序,则选择要排序的数据清单,单击"数据"选项卡"排序和筛选"选项组的"排序"按钮,通过弹出的"排序"对话框进行单列或多列排序。

4. 数据筛选

数据筛选是查找和处理数据清单中数据子集的快捷方法。数据筛选只显示满足条件的数据清单,暂时隐藏其他不需要显示的行。Excel 中数据筛选的方法有"自动筛选"和"高级筛选"两种。

"自动筛选"适用于简单条件,选择需要筛选的数据清单后,单击图 5-29 所示的"筛选"按钮,此时在数据清单每列的标题右侧出现下拉三角形,单击该箭头会弹出筛选条件列表,根据选项进行相应的筛选或自定义筛选方式。

5. 分类汇总

数据的分类汇总是对数据清单进行数据分析的一种重要方法。分类汇总就是将指定字段中相同类别的数据，按汇总方式计算各汇总项的值。对数据清单进行分类汇总前，必须先按要汇总的字段进行排序，然后再分类汇总。

单击"数据"选项卡"分级显示"选项组的"分类汇总"按钮（图 5-29），打开"分类汇总"对话框，通过该对话框可以创建分类汇总，也可以替换或删除已经创建的分类汇总。

6. 数据透视表

使用"分类汇总"只能对单个字段进行分类汇总，对于多字段的分类汇总，需使用数据透视。数据透视表是一种交互式的分类汇总，用于从数据清单中抽取需要的数据，按指定的要求进行汇总生成新的交互工作表。

创建简单的数据透视表通过"插入"选项卡"表格"选项组的"数据透视表"，单击"数据透视表"项来实现，如图 5-30 所示。

图 5-30　"数据透视表"按钮

5.3.2　任务实现

打开"网上电器超市销售报表.xlsx"工作簿，选中"一季度"工作表，完成如下任务：

（1）计算出每种电器的成交金额和折扣率，并填入相应单元格中。（成交金额＝成交价×成交量/10 000，折扣率＝成交价/媒体价）

①单击 G4 单元格，输入"＝E4 * F4/10 000"后按回车键。

②将鼠标指针移到该单元格右下角的填充控制点▅处，鼠标指针形状变为✚时，拖曳鼠标到 G18 单元格后放开鼠标。

③单击 H4 单元格，输入"＝E4/D4"后按回车键。

④将鼠标指针移到该单元格右下角的填充控制点▅处，鼠标指针形状变为✚时，拖曳鼠标到 H18 单元格后放开鼠标。

（2）计算出电器总成交量、最高成交金额和平均折扣率，分别填入 F19，G19 和 H19 单元格中。

①单击 F19 单元格，在单元格中输入"＝"，然后单击名称栏右边的小三角形，在函数下拉列表中单击"SUM"。

②在打开的"函数参数"对话框中设置求和单元格,如图 5-31 所示。

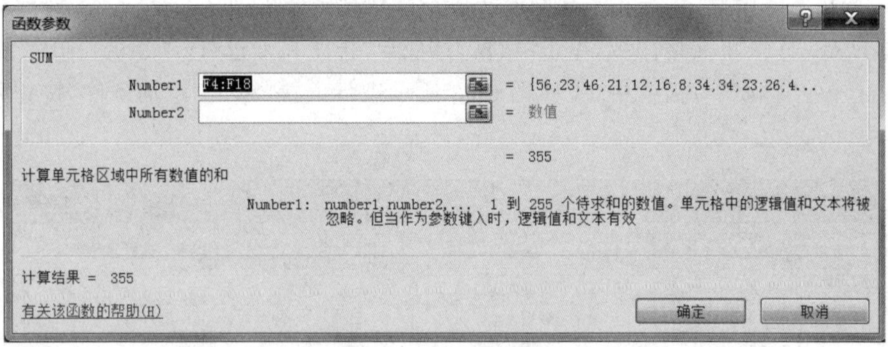

图 5-31 "函数参数"对话框

③单击 G19 单元格,在单元格中输入"=",然后单击名称栏右边的小三角形,在函数下拉列表中单击"MAX"。

④在打开的"函数参数"对话框中设置求和单元格 G4:G18。

⑤单击 H19 单元格,在单元格中输入"=",然后单击名称栏右边的小三角形,在函数下拉列表中单击"AVERAGE"。

⑥在打开的"函数参数"对话框中设置求和单元格 H4:H18。

(3)复制 A3:H18 单元格的值和源格式到"汇总"工作表 A1:H16 单元格。

①选择 A3:H18 单元格区域,按下 Ctrl+C 组合键。

②单击"Sheet2"工作表,右击 A1 单元格,在弹出的快捷菜单中,选择"选择性粘贴",单击"值和源格式"(图 5-32),则"一季度"工作表 A3:H18 单元格的值和源格式一起复制到"Sheet2"工作表 A1:H16 单元格区域。

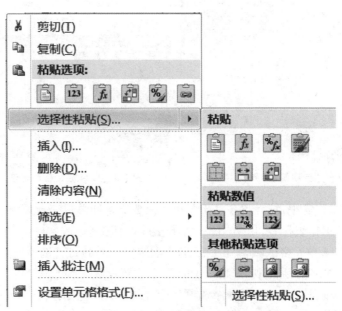

图 5-32 "选择性粘贴"按钮

③右击"Sheet2"工作表标签,在弹出的快捷菜单中选择"重命名"项,在工作表标签处输入

"汇总"，并按回车键。

（4）按折扣率降序排序，折扣率相同的按成交量从高到低排列。

①选择 A3:H18 单元格区域，单击"数据"选项卡"排序和筛选"选项组的"排序"按钮。

②在打开的"排序"对话框中，按照图 5-33 所示进行设置，单击"添加条件"按钮可以添加次要关键字。

图 5-33　"排序"对话框

（5）筛选出成交价在 9 000～10 000 元（不含 10 000 元）的记录。

①选择 A3:H18 单元格区域，单击"数据"选项卡"排序和筛选"选项组的"筛选"按钮。

②单击"成交价"右边的小三角形，在下拉列表中选择"数字筛选"，单击"介于"，如图 5-34 所示。

③在打开的"自定义自动筛选方式"对话框中，按照图 5-35 所示进行设置。

图 5-34　"自动筛选"列表　　　　　图 5-35　"自定义自动筛选方式"对话框

（6）在"汇总"工作表中，统计出各月份的电器总成交量和总成交金额。

①单击"汇总"工作表标签，切换"汇总"工作表为当前工作表。

②选择 A1:H16 单元格区域，单击"数据"选项卡"排序和筛选"选项组的"排序"按钮。

③在打开的"排序"对话框中，按照图 5-36 所示进行设置。

④单击"选项"按钮，在打开的"排序选项"对话框中选择"笔划排序"方法，如图 5-37 所示。

⑤单击"数据"选项卡"分级显示"选项组的"分类汇总"按钮，按照图 5-38 所示进行设置，最后单击"确定"按钮，完成分类汇总操作。

（7）为"一季度"工作表统计出各种电器各月份的平均折扣率，放在名为"统计"的工作

图 5-36 "排序"对话框之按月份排序

图 5-37 "对话框"排序选项

图 5-38 "分类汇总"对话框

表中。

①单击"一季度"工作表标签,切换"一季度"工作表为当前工作表。

②单击"插入"选项卡"表格"选项组的"数据透视表",单击"数据透视表"项,打开"创建数据透视表"对话框。

③选择"一季度"工作表 B3:H18 单元格区域,选择"新工作表"单选按钮(图 5-39),单击"确定"按钮,在"一季度"工作表前创建一个名为"Sheet1"的工作表。

④在"Sheet1"工作表右边的"数据透视表字段列表"窗格中(图 5-40),勾选"产品名称"、"月份"和"折扣率",单击"月份",再单击"移动到列标签"项,将"月份"字段移到列标签。

⑤单击"求和项…"列表中的"字段设置"项,在打开的"值字段设置"对话框中,按照图5-41所示设置自定义名称和计算类型,然后单击"数字格式"按钮,在打开的"设置单元格格式"对话框中设置数字格式为百分比,保留两位小数。

⑥在"数据透视表工具"选项卡中,单击"设计"选项卡"布局"选项组中的"总计",单击"对行和列禁用"项(图 5-42),去掉行和列的总计项。

⑦右击"Sheet1"工作表标签,在弹出的菜单中选择"重命名",输入"统计",然后按回车键。

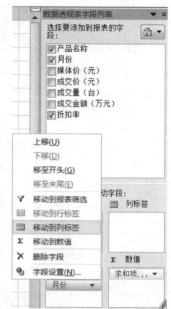

图 5-39 "创建数据透视表"对话框   图 5-40 "字段列表"窗格

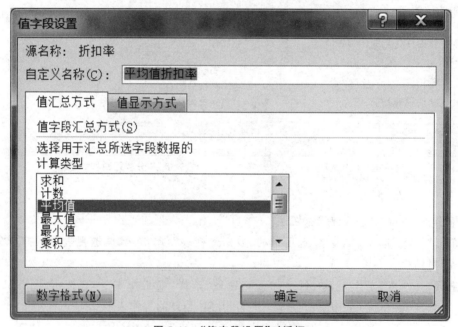

图 5-41 "值字段设置"对话框

⑧完成以上操作后，保存并关闭工作簿。

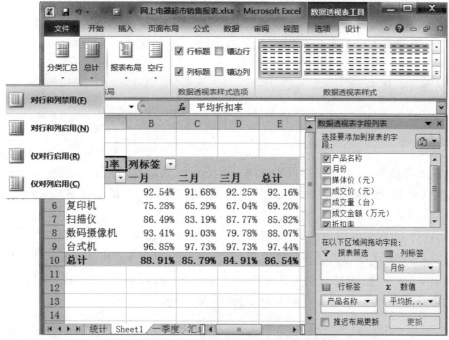

图 5-42 "数据透视表工具"选项卡

5.4 工作表数据图表化

【实验任务 5-4】为工作表数据创建图表

按照图 5-43 所示,在"网上电器超市销售报表.xlsx"工作簿的"汇总"工作表中创建图表,要求如下:

(1)为各月份的"成交总金额"建立"簇状柱形图"。

(2)图表标题为"一季度各月成交总金额(万元)",微软雅黑、12 号字。

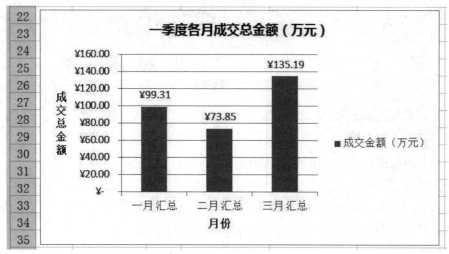

图 5-43 任务 5-4 示例

（3）设置水平坐标轴标题为"月份"、垂直坐标轴标题为"成交总金额"。

（4）显示如图 5-43 所示的数据标签。

（5）产生的图表放置在该工作表的（A22:G35）单元格区域中。

5.4.1 知识准备

1. 创建图表

图表以图形的形式展示数据间的关系，是统计结果的直观表示，更便于阅读和理解。Excel 图表包含 11 种基本类型，如柱形图、折线图、饼图等。柱形图适合于显示相等的数据区域的比较，强调比较大小、多少等；折线图适合于显示相等的数据区域的变化趋势，强调变化率、变化的趋势；饼图则适用于显示数据列中每项数据占总数值的比例。

创建图表时，首先要正确选择需要用图表展示的单元格区域，然后选择相应的图表类型。"插入"选项卡"图表"选项组列出了常用图表类型（图 5-44），单击右下角的小箭头可以打开"插入图表"对话框，该对话框显示所有图表类型。

图 5-44 "图表"选项组

2. 编辑图表

单击图表，功能区会出现"设计""布局""格式"3 个图表工具选项卡，其中，"设计"选项卡可以进行"更改图表类型""切换行/列""设置图表布局和图表样式"等操作。"布局"选项卡常用选项组（图 5-45），用于设置图表各组成部分的布局。

图 5-45 "布局"选项卡

图表主要由形状和文本框组成，各部分名称如图 5-46 所示。

"格式"选项卡与形状的格式选项卡功能类似，用于设置图表各部分的填充、轮廓、对齐等。

此外，Excel 2010 还提供了"迷你图"新功能（图 5-44），它可以将一列或一行数据的变化趋势以"折线图"、"柱形图"或"盈亏"方式显示在一个单元格中。

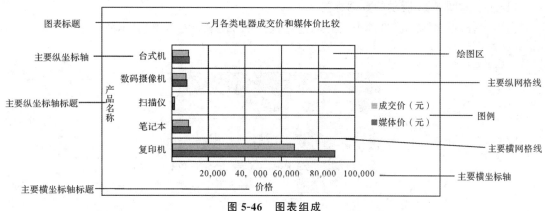

图 5-46　图表组成

5.4.2　任务实现

打开"网上电器超市销售报表.xlsx"工作簿,选中"汇总"工作表,完成如下任务:

(1)为各月份的"成交总金额"建立"簇状柱形图"。

①选中 C1,C7,C13,C19,G1,G7,G13 和 G19 单元格。

②单击"插入"选项卡"图表"选项组中的"柱形图",单击"簇状柱形图"项(图 5-47),在工作表中建立一个"簇状柱形图"。

(2)图表标题为"一季度各月成交总金额(万元)",微软雅黑、12 号字。

①单击图表标题,输入"一季度各月成交总金额(万元)"。

②在"开始"选项卡"字体"选项组中设置图表标题的字体为"微软雅黑",字号为"12"。

(3)设置水平坐标轴标题为"月份"、垂直坐标轴标题为"成交总金额"。

①选中图表,单击"布局"选项卡"标签"选项组中的"坐标轴标题",依次单击"主要坐标轴标题""坐标轴下方标题"项(图 5-48),然后在图表"坐标轴标题"文本框中输入"月份"。

图 5-47　"簇状柱形图"选项

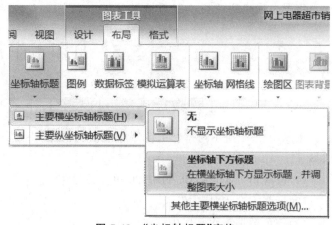

图 5-48　"坐标轴标题"窗格

②单击"布局"选项卡"标签"选项组中的"坐标轴标题",依次单击"主要纵标轴标题""竖排标题"项,然后在图表"坐标轴标题"文本框中输入"成交总金额"。

（4）显示如图 5-43 所示的数据标签。

选中图表，单击"布局"选项卡"标签"选项组中的"数据标签"，单击"数据标签外"项（图 5-49）。

图 5-49 "数据标签"选项组

（5）产生的图表放置在该工作表的 A22:G35 单元格区域中。

将图表拖曳到 A22:G35 单元格区域中。完成以上操作后，保存并关闭工作簿。

5.5 打印工作表

【实验任务 5-5】设置工作表的打印格式

按照图 5-50 所示，将"网上电器超市销售报表.xlsx"工作簿的"汇总"工作表打印输出，要求如下：

（1）按月份分 3 页打印 A1:H20 单元格数据。

（2）纸张方向为"横向"。

（3）每页数据表水平居中。

（4）页眉为"一季度网上电器超市销售报表汇总"，微软雅黑、16 号字、居中。页脚为"第 m 页，共 n 页"，其中 m 为当前页码，n 为总页数。

(5)每页都显示标题行。

产品编号	产品名称	月份	媒体价（元）		成交价（元）		成交量（台）	成交金额（万元）		折扣率
01	复印机	二月	¥	89,600	¥	58,500	3	¥	17.55	65.3%
02	笔记本	二月	¥	9,380	¥	8,600	8	¥	6.88	91.7%
03	扫描仪	二月	¥	1,190	¥	990	26	¥	2.57	83.2%
04	数码摄像机	二月	¥	7,800	¥	7,100	34	¥	24.14	91.0%
05	台式机	二月	¥	10,099	¥	9,870	23	¥	22.70	07.7%
		二月汇总					94	¥	73.85	

一季度网上电器超市销售报表汇总

第 2 页，共 3 页

图 5-50　任务 5-5 示例

5.5.1　知识准备

1. 设置打印格式

在打印工作表之前对工作表进行打印格式设置，可以保证打印质量和效果。设置打印格式通过"页面布局"选项卡以及"页面设置"对话框来实现。

"页面布局"选项卡的"页面设置"选项组（图 5-51）包括页边距、纸张方向、纸张大小、打印区域、背景等设置。"分隔符"按钮还可以在当前位置之前插入分页符，也可以删除当前位置的分页符。

图 5-51　"页面设置"选项组

单击"页面设置"选项组右下角的小箭头，可以打开"页面设置"对话框（图 5-52），该对话框包含"页面""页边距""页眉/页脚""工作表"4 个选项卡，各选项卡功能如下：

(1)"页面"选项卡。设置纸张方向、大小、分辨率和缩放比例，以及打印的起始页码。

(2)"页边距"选项卡。设置打印的内容与纸张的上下左右边距，以及打印内容的对齐方式。

（3）"页眉/页脚"选项卡。设置纸张页眉页脚的内容和显示方式等。

（4）"工作表"选项卡。设置要打印的单元格区域、水平和垂直标题行、打印的品质、单色打印、打印网格线和打印顺序等。

图 5-52　"页面设置"对话框

2. 打印工作表

单击"页面设置"对话框中的"打印"按钮，或者单击"文件"中的"打印"，都可以打开打印设置和预览界面（图 5-53），左边区域可以进行打印份数设置、打印机选择和快速页面设置，右边区域显示打印预览效果图。单击"打印"按钮则可以打印输出工作表数据。

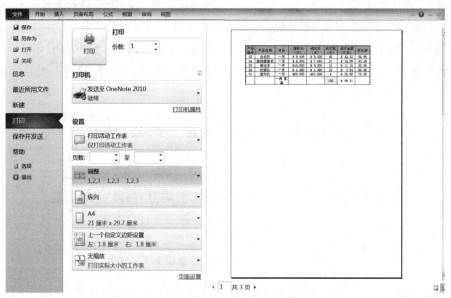

图 5-53　"打印"及"打印预览"窗格

5.5.2　任务实现

打开"网上电器超市销售报表.xlsx"工作簿,选中"汇总"工作表,完成如下任务:

(1)按月份分 3 页打印 A1:H20 单元格数据。

①单击 A8 单元格,然后单击"页面布局"选项卡"页面设置"选项组中的"分隔符",单击"插入分页符"项,将在第 8 行前插入一个分隔符。

②单击 A14 单元格,以相同的方法在第 14 行前插入一个分隔符。

③选中 A1:H20 单元格,单击"页面布局"选项卡"页面设置"选项组中的"打印区域",单击"设置打印区域"项。

(2)纸张方向为"横向"。

单击"页面布局"选项卡"页面设置"选项组中的"纸张方向",单击"横向"项。

(3)每页数据表水平居中。

①打开"页面设置"对话框,单击"页边距"选项卡。

②勾选"居中方式"下的"水平"复选框,然后单击"确定"按钮。

(4)页眉为"一季度网上电器超市销售报表汇总",微软雅黑、16 号字、居中。页脚为"第 m 页,共 n 页",其中 m 为当前页码,n 为总页数。

①打开"页面设置"对话框,单击"页眉/页脚"选项卡。

②单击"自定义页眉…"按钮,打开"页眉"对话框(图 5-54)。

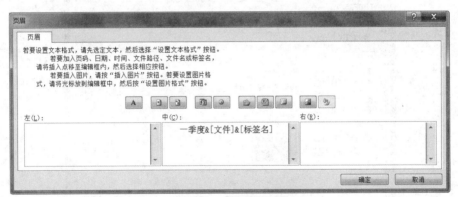

图 5-54　"页眉"对话框

③选中"中"下面的输入框,输入"一季度"。

④单击"插入文件名"按钮,然后单击"插入数据表名称"按钮。

⑤单击"字体"按钮,在弹出的"字体"对话框中设置字体为"微软雅黑",字号为"16"。

⑥单击"确定"按钮,关闭"页眉"对话框,回到"页面设置"对话框。

⑦单击"页脚"下拉框,选择"第 1 页,共? 页"(图 5-55),然后单击"确定"按钮。

(5)每页都显示标题行。

①打开"页面设置"对话框,单击"工作表"选项卡。

②设置"顶端标题行"为 $1:$1,如图 5-56 所示。

③单击"确定"按钮,关闭"页面设置"对话框。

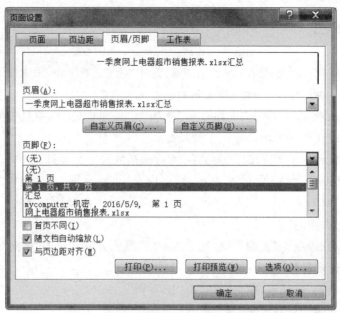

图 5-55 "页眉/页脚"选项卡

图 5-56 "工作表"选项卡

实验项目6　Excel 电子表格高级应用

本实验项目在熟练掌握 Excel 电子表格基本操作的基础上，通过创建数据透视表实现多重合并计算、使用合并计算和条件计算进行多表分类统计、综合运用 Excel 实现信息查询功能 3 项任务的学习，进一步深入掌握 Excel 电子表格的数据处理功能。

6.1　使用数据透视表向导创建数据透视表

【实验任务 6-1】统计所有专业课监考教师的监考费

在"监考费.xlsx"工作簿"专业课监考费"工作表中，统计所有监考教师的监考费，将统计结果放在名为"专业课监考费统计"的新工作表中，如图 6-1 所示。

	C	D	E	F	G	H	I	J
1	考试教室	系	教师1	监考费(元)	教师2	监考费(元)	教师3	监考费(元)
2	408	计算机系	严金华	80	马晓琳	80	赖耀华	80
3	409	计算机系	徐丹	80	余龙凯	80	杨娟	80
4	110	计算机系	刘洪芳	80	马晓琳	80	王启昌	80
5	111	计算机系	李莉	80	林翔	80		
6	509	软件工程系	胡晓东	60	陈青山	60	关桂琴	60
7	207	软件工程系	樊新民	60	林子彪	60	李邦书	60
8	212	计算机系	刘洪芳	60	马晓琳	60	赖耀华	60
9	306	软件工程系	陈鸿辉	80	李邦书	80		
10	305	软件工程系	关桂琴	80	陈青山	80		
11	304	软件工程系	郑德文	80	林子彪	80	陈云	80
12	303	软件工程系	朱嬿	80	李进	80	樊新民	80
13	106	软件工程系	李进	60	陈云	60	胡晓东	60
14	409	计算机系	方秀娟	80	陈雯	80	赖耀华	80
15	408	计算机系	叶庆江	80	王启昌	80	李莉	80
16	305	计算机系	李安	60	林翔	60	余龙凯	60

专业课监考费　公共课监考费　补考监考费

	A	B	C
1	页1	(全部)	
2			
3	求和项:值	列	
4	行	监考费（元）	总计
5	陈鸿辉	80	80
6	陈青山	140	140
7	陈雯	80	80
8	陈云	140	140
9	樊新民	140	140
10	方秀娟	80	80
11	关桂琴	140	140
12	胡晓东	120	120
13	赖耀华	220	220
14	李安	60	60
15	李邦书	140	140
16	李进	140	140
17	李莉	160	160
18	林翔	140	140
19	林子彪	140	140
20	刘洪芳	140	140
21	马晓琳	220	220
22	王启昌	160	160
23	徐丹	80	80
24	严金华	80	80
25	杨娟	80	80
26	叶庆江	80	80
27	余龙凯	140	140
28	郑德文	80	80
29	朱嬿	80	80

专业课监考费统计　专业课监考费

图 6-1　任务 6-1 示例

6.1.1　任务分析

"专业课监考费"工作表中每个考室有 2～3 名教师监考，部分教师不止监考一次，这种情况可以用合并计算或数据透视表来实现。合并计算将在下一个任务介绍，这里介绍用数据透视表来实现的方法。由于涉及多重合并计算，因此需要通过数据透视表向导来创建。

6.1.2　任务实现

打开"监考费.xlsx"工作簿,选中"专业课监考费"工作表,完成如下操作:

（1）单击"自定义快速访问工具栏"按钮,在打开的菜单列表中选择"其他命令"。

（2）在打开的"Excel 选项"对话框中,将"不在功能区中的命令"下"数据透视表和数据透视图向导"添加到快速访问工具栏,如图 6-2 所示。

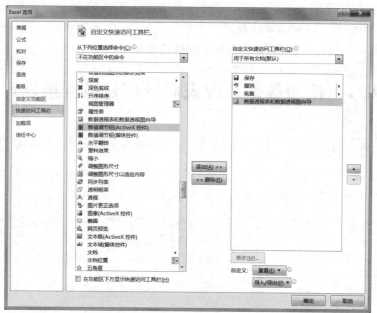

图 6-2　"Excel 选项"之快速访问工具栏

（3）单击快速访问工具栏的"数据透视表和数据透视图向导"按钮（图 6-3）,打开"数据透视表和数据透视图向导"对话框。

图 6-3　"数据透视表和数据透视图向导"按钮

（4）在"数据透视表和数据透视图向导—步骤 1"对话框中,选择"多重合并计算数据区域"数据源类型（图 6-4）,然后单击"下一步"按钮。

（5）在"数据透视表和数据透视图向导—步骤 2a"对话框中,选择"创建单页字段",然后单击"下一步"按钮。

（6）在"数据透视表和数据透视图向导—步骤 2b"对话框中,分 3 次添加 E1:F16,G1:H16,I1:J16 单元格区域（图 6-5）,然后单击"下一步"按钮。

（7）在"数据透视表和数据透视图向导—步骤 3"对话框中,选择"新工作表",然后单击"完成"按钮。此时在"专业课监考费"工作表之前创建一个数据透视表,将该工作表命名为"专业课监考费统计"。

（8）在"专业课监考费统计"工作表中,将"值"字段汇总方式设置为"求和",将行标签名称

图 6-4 "数据透视表和数据透视图向导—步骤 1"对话框

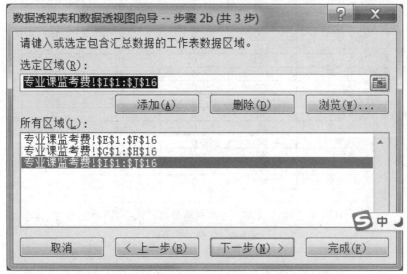

图 6-5 "数据透视表和数据透视图向导—步骤 2b"对话框

改为"教师",操作方法参照任务 5-3 之(7)。

　　(9)完成以上操作后,保存并关闭工作簿。

6.2　合并计算和条件计算

【实验任务 6-2】分类统计各类监考费

　　在"监考费.xlsx"工作簿中,有一个名为"汇总"的工作表(图 6-6),该表只有一行标题行,要求根据标题行分别统计所有监考教师的各类监考费。

	A	B	C	D	E
1	姓名	专业课监考费	公共课监考费	补考监考费	合计
2	何华清	0	80	60	140
3	杨志斌	0	160	60	220
4	陈薇	0	160	60	220
5	王玉琴	0	80	60	140
6	刘朝辉	0	160	60	220
7	周健	0	0	60	60
8	程俊彰	0	80	60	140
9	陈松	0	160	60	220
10	朱秀兰	0	0	0	0
11	黄明忠	0	80	60	140
12	黄文东	0	80	60	140
13	李强	0	0	60	60
14	陈鸿辉	80	0	60	140
15	陈青山	140	0	0	140
16	陈雯	80	0	0	80
17	陈云	140	0	0	140
18	樊新民	140	0	60	200
19	方秀娟	80	0	60	140
20	关桂琴	140	0	0	140
21	胡晓东	120	0	60	180
22	赖耀华	220	0	0	220
23	李安	60	0	60	120
24	李邦书	140	0	0	140
25	李进	140	0	60	200
26	李莉	160	0	0	160
27	林翔	140	0	0	140
28	林子彪	140	0	0	140
29	刘洪芳	140	0	120	260
30	马晓琳	220	0	0	220
31	王启昌	160	0	0	160
32	徐丹	80	0	0	80
33	严金华	80	0	60	140
34	杨娟	80	0	0	80
35	叶庆江	80	0	0	80
36	余龙凯	140	0	0	140
37	郑德文	80	0	0	80
38	朱婧	80	0	0	80

专业课监考费 / 公共课监考费 / 补考监考费 / 汇总 / 机构

图 6-6　任务 6-2 示例

6.2.1　任务分析

只有标题行的"汇总"工作表，在统计各类监考费之前，先要获取不重复的所有监考教师姓名，然后再进行各类监考费的统计。本任务拟用合并计算来获取不重复的所有监考教师姓名，用 SUMIF 函数来实现各类监考费的统计。

Excel 的合并计算能够对一个工作表中多个分散的单元格区域或者是多个工作表的单元格区域中相匹配的同类数据进行计算，计算的方式包括求和、计数、平均值、最大值、最小值等。

Excel 的 SUMIF 函数可以对符合指定条件的单元格数据求和。SUMIF 函数格式如下：

SUMIF(Range,Criteria,Sum_range)

各参数含义：

(1)Range,用于条件判断的单元格区域。

(2)Criteria,求和条件,由单元格名称、数字、逻辑表达式等组成的判定条件。

(3)Sum_range,实际求和区域,需要求和的单元格、区域或引用。省略该参数时,以条件区域作为实际求和区域。

6.2.2 任务实现

打开"监考费.xlsx"工作簿,选中"汇总"工作表,完成如下操作:

(1)选中 A2 单元格,单击"数据"选项卡"数据工具"选项组的"合并计算"按钮,打开"合并计算"对话框,如图 6-7 所示。

图 6-7 "合并计算"对话框

(2)按照图 6-7 所示,分别添加"专业课监考费统计"工作表的 A5:B29、"公共课监考费"工作表的 E2:F14 和"补考监考费"工作表的 C2:D21 单元格,勾选"最左列"复选框,然后单击"确定"按钮,在"汇总"工作表 A,B 两列中分别填入不重复的所有监考教师姓名和相应的总监考费,其中"姓名"列的数据是我们需要的,"专业课监考费"列的数据是不正确的。

(3)选中 B2 单元格,单击"公式"选项卡"函数库"选项组的"插入函数"按钮,在打开的"插入函数"对话框中搜索到"SUMIF"函数,单击"确定"按钮后,打开"函数参数"对话框,如图 6-8 所示。

(4)在"函数参数"对话框中,按照图 6-8 所示进行设置,注意绝对引用和相对引用的使用,然后单击"确定"按钮。

(5)拖动 B2 单元格的填充控制点,填充 B3:B38 单元格。

(6)以相同的方法用 SUMIF 函数计算"公共课监考费"和"补考监考费"两列数据。

(7)用 SUM 函数计算出"合计"列数据。

(8)完成以上操作后,保存并关闭工作簿。

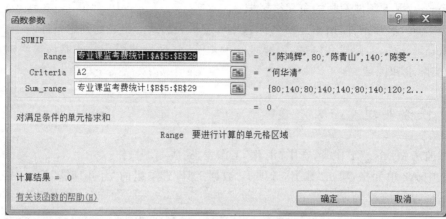

图 6-8　SUMIF 函数的"函数参数"对话框

6.3　综合运用 Excel

【实验任务 6-3】根据姓名查询教师信息

在"监考费.xlsx"工作簿中，"系_教研室"工作表如图 6-9 所示，"教师名册"工作表如图 6-10 所示。要求在"教师名册"工作表中，实现以下功能：

（1）J3,J4 单元格的内容不能由用户输入，只能通过下拉列表进行选择。单击 J3 单元格右边的小三角形可以显示"系_教研室"工作表 D 列中的"系_教研室"列表，单击 J4 单元格右边的小三角形可以显示相应系或教研室的教师姓名列表。

（2）根据 J4 单元格中选中的教师姓名，在 I6:L8 单元格区域显示该教师相应的信息，查询结果如图 6-10 所示。

	A	B	C	D
1	计算机系	软件工程系	公共数学系	系_教研室
2	王启昌	李进	何华清	计算机系
3	林翔	陈云	杨志斌	软件工程系
4	严金华	关桂琴	陈薇	公共数学系
5	徐丹	郑德文	李强	
6	李莉	胡晓东	王玉琴	
7	陈雯	樊新民	郭叶彪	
8	陈燕萍	朱婧	刘朝辉	
9	方秀娟	陈鸿辉	周健	

图 6-9　"系_教研室"工作表

6.3.1　任务分析

本任务中，J3,J4 单元格的内容不是由用户输入，而是根据"系_教研室"工作表的信息进

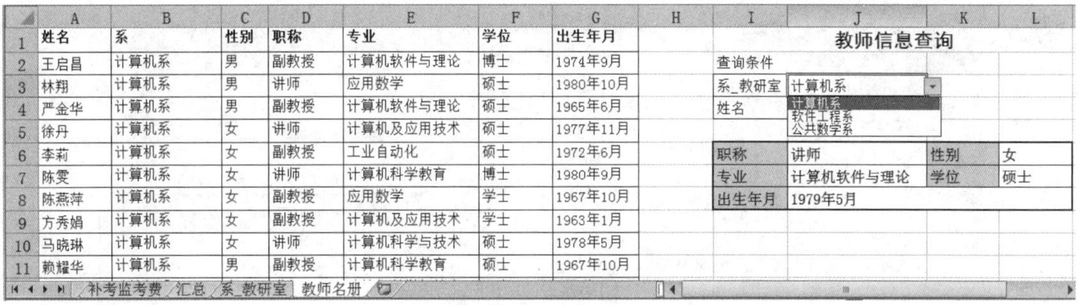

姓名	系	性别	职称	专业	学位	出生年月
王启昌	计算机系	男	副教授	计算机软件与理论	博士	1974年9月
林翔	计算机系	男	讲师	应用数学	硕士	1980年10月
严金华	计算机系	男	副教授	计算机软件与理论	硕士	1965年6月
徐丹	计算机系	女	讲师	计算机及应用技术	硕士	1977年11月
李莉	计算机系	女	副教授	工业自动化	硕士	1972年6月
陈雯	计算机系	女	讲师	计算机科学教育	博士	1980年9月
陈燕萍	计算机系	女	副教授	应用数学	学士	1967年10月
方秀娟	计算机系	女	副教授	计算机及应用技术	学士	1963年1月
马晓琳	计算机系	女	讲师	计算机科学与技术	硕士	1978年5月
赖耀华	计算机系	男	副教授	计算机科学教育	硕士	1967年10月

教师信息查询

查询条件			
系_教研室	计算机系		
姓名			
职称	讲师	性别	女
专业	计算机软件与理论	学位	硕士
出生年月	1979年5月		

图 6-10 “教师名册”工作表

行选择的，可以综合运用定义名称、数据有效性和 INDIRECT 函数来实现；根据姓名查询教师详细信息则可以通过 VLOOKUP 函数来实现。

Excel 中的定义名称，就是为一个区域、常量值或者数组定义一个名称，以便在公式中使用。

数据有效性是对单元格中输入的数据设置限制条件，只有符合条件的数据，才允许输入，否则禁止输入。

INDIRECT 函数用来对引用进行计算，并显示其内容，函数格式如下：

INDIRECT(Ref_text,[a1])

各参数含义：

(1)Ref_text，对单元格的引用，引用的单元格可以包含 A1 样式的引用、R1C1 样式的引用、定义为引用的名称等。

(2)a1，指明包含在单元格 Ref_text 中的引用类型，为一逻辑值，TRUE 或缺省，Ref_text 被解释为 A1 样式的引用。

VLOOKUP 是一个按列查找函数，与之对应的 HLOOKUP 函数则是按行查找的。VLOOKUP 函数格式如下：

VLOOKUP(Lookup_value,Table_array,Col_index_num,Range_lookup)

各参数含义：

(1)Lookup_value，需要在数据表第 1 列中进行查找的数值。

(2)Table_array，需要查找的数据区域。

(3)Col_index_num，Table_array 中需要查找的数据的列序号。

(4)Range_lookup，为一逻辑值，FASLE 或 0，则返回精确匹配；TRUE 或 1，则返回不精确匹配值中小于 Lookup_value 的最大值；该参数缺省时默认为近似匹配。

6.3.2 任务实现

打开“监考费.xlsx”工作簿，完成如下操作：

(1)选中“系_教研室”工作表，以第 1 行标题为名称创建“系_教研室”“计算机系”“软件工程系”“公共数学系”4 个名称，引用位置分别为其所在列的单元格区域。

①单击 D2:D4 单元格，单击“公式”选项卡“定义的名称”选项组中的“定义名称”按钮，打开“新建名称”对话框，如图 6-11 所示。

②在“新建名称”对话框“名称”输入框中输入“系_教研室”，然后单击“确定”按钮。

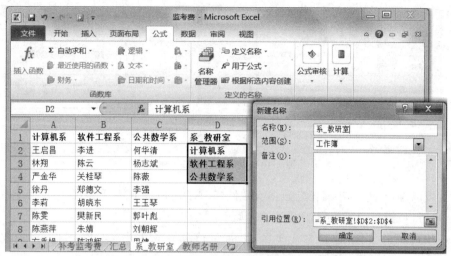

图 6-11　"定义名称"按钮和"新建名称"对话框

③以相同的方法，分别定义"计算机系""软件工程系""公共数学系"3 个名称，引用位置分别为 A2:A17,B2:B12 和 C2:C14。

（2）选中"教师名册"工作表，分别为 J3,J4 单元格进行数据有效性设置。

①单击 J3 单元格，单击"数据"选项卡"数据工具"选项组的"数据有效性"，单击"数据有效性"项，打开"数据有效性"对话框，如图 6-12 所示。

②在"数据有效性"对话框中，按照图 6-12 所示进行设置，"允许"下拉列表选择"序列"项，"来源"输入框内容为"＝INDIRECT(系_教研室！＄D＄1)"。

图 6-12　"数据有效性"按钮和"数据有效性"对话框一

③用相同的方法，设置 J4 单元格的数据有效性（图 6-13），然后单击"确定"按钮。

（3）在"教师名册"工作表中，根据查询条件中的教师姓名，在 I6:L8 单元格中分别显示该教师的相应信息。

①单击 J6 单元格，然后单击"公式"选项卡"函数库"选项组的"插入函数"按钮，在打开的"插入函数"对话框中搜索到"VLOOKUP"函数，单击"确定"按钮后，打开"函数参数"对话框，如图 6-14 所示。

②在"函数参数"对话框中，按照图 6-14 所示进行参数设置，然后单击"确定"按钮。

图 6-13 "数据有效性"对话框二

③以相同的方法在 L6，L7，J7，J8 单元格中插入 VLOOKUP 函数，函数参数除了 Col_index_num外，其他 3 个参数均与图 6-14 相同。Col_index_num 参数分别为"性别"对应的列序号 3、"学位"对应的列序号 6、"专业"对应的列序号 5 和"出生年月"对应的列序号 7。

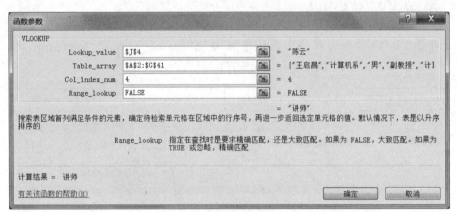

图 6-14 VLOOKUP 函数的"函数参数"对话框

④完成以上操作后，保存并关闭工作簿。

实验项目 7　PowerPoint 2010 的基本应用

PowerPoint 2010 是微软公司 Microsoft Office 2010 系列中的一员，它是集文字、图表、动画、声音于一体的专门制作演示文稿的多媒体软件。教师授课讲稿、学术报告，学生毕业论文答辩，公司产品介绍，各种会议报告等，演讲者都可以应用 PowerPoint 2010 把演讲内容制成由若干幻灯片组成的演示文稿在计算机上直接演播展示。

本实验项目将介绍 PowerPoint 2010 的主要功能与基本操作。

7.1　PowerPoint 2010 窗口及基本功能、创建电子演讲文稿

本节内容包括启动/关闭 PowerPoint，演示文稿的创建和打开方法，选择具体的幻灯片版式，添加/删除幻灯片，放映幻灯片以及保存演示文稿。

7.1.1　启动 PowerPoint 2010

单击"开始"菜单中"所有程序"，再依次单击"Microsoft Office""Microsoft PowerPoint 2010"，打开 PowerPoint 2010 的主窗口，如图 7-1 所示。

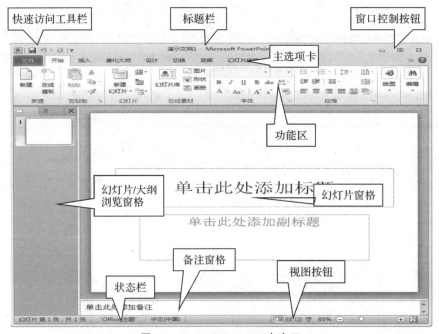

图 7-1　PowerPoint 2010 主窗口

7.1.2 PowerPoint 2010 主窗口简介

PowerPoint 2010 主窗口与 Office 2010 各组件有很多相似之处，都有标题栏、选项卡、功能区、快速访问工具栏和状态栏等，而幻灯片窗格、幻灯片/大纲浏览窗格、备注窗格、视图按钮等是 PowerPoint 2010 独有的，如图 7-1 所示。

1. 标题栏

位于窗口顶部，有快速访问工具栏█、标题（显示当前编辑的文件名）、窗口控制按钮█（最小、最大化/还原、关闭按钮）。快速访问工具栏主要包括"保存""撤销""恢复"等一些常用功能按钮，可通过单击"快速访问工具栏"右边的按钮█，在弹出的下拉列表中可添/删"快速访问工具栏"中的功能按钮。

2. 主选项卡

位于标题栏下方，包含文件菜单，开始、插入、设计、切换、动画、幻灯片放映、审阅、视图等，也可在其中添/删选项卡。

3. 功能区

位于主选项卡下方，显示所选主选项卡的常用功能选项。

4. 幻灯片/大纲浏览窗格

位于窗口的左边，该窗格的上方有幻灯片和大纲两个选项卡。

(1)"幻灯片"选项卡：显示所有幻灯片的缩略图，可以对幻灯片进行浏览、复制、删除、插入、移动等操作，但不能对幻灯片文字内容直接进行编辑。

(2)"大纲"选项卡：以大纲的方式显示每张幻灯片的文本内容，不显示表格、图片、艺术字等对象，但可对幻灯片的文字内容直接进行编辑，还可以利用鼠标拖动幻灯片来改变幻灯片的顺序。

5. 幻灯片窗格

位于窗口的中部，用来显示和编辑当前幻灯片的内容，是用户制作演示文稿的主要工作区。

6. 备注窗格

位于幻灯片窗格的下方，可对当前幻灯片添加备注，不可插入图片等对象，备注页的内容在幻灯片放映时不显示，只出现在备注窗格中，为演讲者提供信息参考。

7. 状态栏

位于窗口底部，包括视图切换按钮█（普通视图、幻灯片浏览、阅读视图、幻灯片放映）、放缩比例拖动条█等，其中：

（1）普通视图，将幻灯片、大纲和备注集成在一个页面上，方便全面掌握各幻灯片的名称、内容和排列顺序，以及在不同幻灯片之间进行快速切换。

（2）"幻灯片浏览"视图，可以从整体上浏览所有幻灯片的效果，并方便地进行幻灯片的复制、移动、删除等操作。该模式不能对幻灯片的内容进行编辑和修改，双击某张幻灯片将自动切换到普通视图，且该幻灯片为当前幻灯片。

（3）幻灯片放映，以全屏方式放映幻灯片，此时可以看到幻灯片的所有文本编辑效果以及动画、幻灯片切换等效果。

【实验任务 7-1】

在"快速访问工具栏"中添加"插入超链接"按钮，并在"主选项卡"添加 Windows"经典菜单"选项卡。具体操作步骤如下：

（1）单击"快速访问工具栏"右边的按钮 ▼，在弹出的下拉列表中选择"其他命令"选项。在打开的"PowerPoint 选项"对话框（图 7-2）中选择"插入超链接"，单击"添加"，单击"确定"，就把"插入超链接"按钮添加到"快速访问工具栏"中。

图 7-2　PowerPoint 选项的"自定义快速访问工具栏"对话框

（2）单击"文件"中的"选项"，在"PowerPoint 选项"对话框中选择"自定义功能区"选项。在打开的"自定义功能区"对话框（图 7-3）右窗格勾选"经典菜单"，单击"确定"按钮，菜单栏中就出现 Windows 经典菜单。

提示：若要删除"快速访问工具栏"中某个命令按钮，在图 7-2 右窗格中单击命令按钮选项，再单击"删除"；要去除某个主选项卡，在图 7-3 右窗格中去除该主选项卡的勾选，单击"确定"。

图 7-3 "自定义功能区"选项对话框

7.1.3 插入、更改幻灯片版式

版式是幻灯片内容在幻灯片上的排列方式。

1. 插入新幻灯片

选定要插入新幻灯片的位置，单击"开始"选项卡中"幻灯片"组的"新建幻灯片"下拉按钮，在弹出的"Office 主题"列表框(图 7-4)中选择所需的新幻灯片版式。

2. 更改幻灯片版式

选定要更改的幻灯片，单击"开始"选项卡中"幻灯片"组的"版式"下拉按钮，在图 7-4 中选择其中所需更改的版式。

3. 编辑幻灯片文字

(1)文字内容的编辑。在幻灯片窗格中，每张新幻灯片均有文本占位符的相关版式的提示，单击文本框文本占位符，其虚线方框四周出现 8 个白色的小方块，文本框内出现插入光标，此时可输入文字。单击幻灯片的空白区域，取消文本框的选择。

文本框的使用方法以及文字内容的选中、修改、删除、移动、复制、查找、替换等操作，均与 Word 2010 相同。

(2)文字格式的设置。输入文本框中的文本格式取决于当时模板所指定的格式。为了使幻灯片更美观、演示效果更好，可以使用"开始"选项卡"字体"组中的有关按钮，或单击"字体"组右下角的"对话框启动器"按钮，打开"字体"对话框重新设置文本格式，如字体、字形、字号、颜色、效果等，设置方法与 Word 2010 相同。

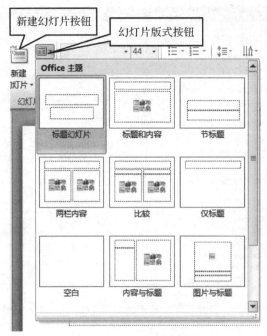

图 7-4　"Office 主题"列表框

①设置段落行距：单击"开始"选项卡→"段落"组→"行距"按钮 ↕≡▾，在弹出的下拉框中选择行距。

②设置段落对齐：选择"段落"组中"对齐"按钮 ▤ ▤ ▤ ▤ ▤（左对齐、居中、右对齐、分散对齐、两端对齐）之一。

③设置段落升/降级：选择"段落"组中"降低列表级别" 掌 和"提高列表级别" 掌 按钮使选定的段落升级或降级。

④设置段落缩进：单击"段落"组右下角的"对话框启动器"按钮 ▫，打开"段落"对话框重新设置段落格式，如特殊格式（首行缩进、悬挂缩进）、对齐方式、行距等设置。

⑤设置项目符号与编号：选择"段落"组中项目符号按钮 ≣▾ 和编号按钮 ≣▾，对选定的行设置项目符号或编号。

【实验任务 7-2】

将第 1 张幻灯片的标题输入"大学信息技术实验指导"，在第 1 张幻灯片下方插入"标题和内容"版式的幻灯片，并输入相应文本。具体操作步骤如下：

(1)选中第 1 张幻灯片，单击主标题区域的占位符，输入"大学信息技术实验指导"。

(2)单击第 1 张幻灯片下方"开始"选项卡→"幻灯片"组→"新建幻灯片"下拉按钮，在"Office 主题"列表中选择"标题和内容"版式，并在标题和内容区中输入如图 7-5 所示的幻灯片文本内容。

> 提示："标题和内容"版式的幻灯片"内容"区域既可输入文本，也可插入图、表等对象。

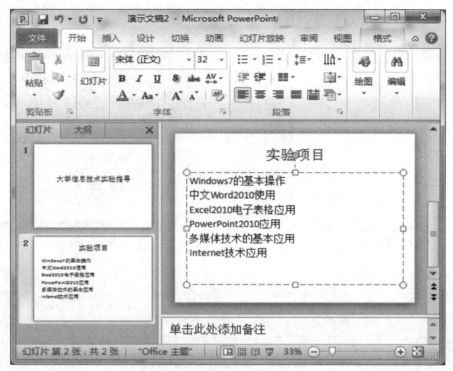

图 7-5　幻灯片文本框编辑示例

【实验任务 7-3】

将第 2 张幻灯片"内容"文本框中所有行添加形如"1.2.…"的编号，在第 3 张幻灯片"内容"文本框中所有行添加高度为 135、红色的◆项目符号。具体操作步骤如下：

（1）选中第 2 张幻灯片"内容"文本框中所有文本，单击"开始"选项卡中"编号"下拉按钮，在弹出的编号下拉列表（图 7-6）中选择"1.""2.""3."选项。

（2）选中第 3 张幻灯片"内容"文本框中所有行，单击"开始"选项卡中"项目符号"按钮，在弹出的"项目符号"对话框（图 7-7）中选择"项目符号和编号"选项，在打开的"项目符号和编

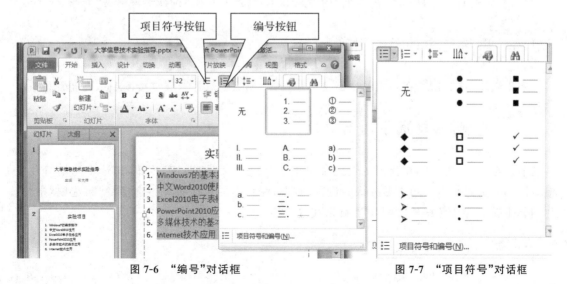

图 7-6　"编号"对话框　　　　　　　　图 7-7　"项目符号"对话框

号"对话框（图 7-8）中依次选择项目符号◆、"大小"135，并在"颜色"下拉框中选红色。结果如图 7-9 所示。

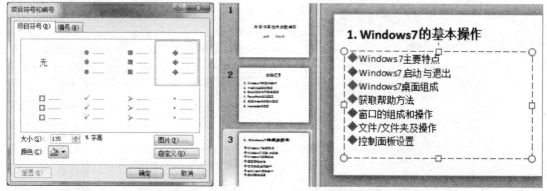

图 7-8 "项目符号和编号"对话框   图 7-9 "项目符号"设置示例

提示：选择"项目符号和编号"对话框中"项目符号"选项，单击右下角"自定义"按钮，将打开一个"符号"对话框，在其中可选择各式各样的项目符号；如果单击右下角"图片"按钮，将打开一个"图片项目符号"对话框，选择某个图片文件中的图形作为项目符号。同样，"项目符号和编号"对话框中"编号"选项操作同上。

7.1.4 选中幻灯片

(1) 选中单个幻灯片。单击编辑区左边窗格中要选的幻灯片（编号），其边框变为黄色。

(2) 选中多个不连续的幻灯片。按住 Ctrl 键，在编辑区左边窗格中逐个单击要选的幻灯片（编号）；若要取消某个已选的幻灯片，按住 Ctrl 键再单击已选的幻灯片。

(3) 选中多个连续的幻灯片。单击连续区中第 1 个幻灯片，再按住 Shift 键单击连续区中最后 1 个幻灯片。

(4) 选中所有幻灯片。单击"开始"中"编辑"工具按钮，单击"选择"，再单击"全选"。

7.1.5 删除选中的幻灯片

右击选中的幻灯片，在弹出的快捷菜单中选择"删除幻灯片"，或直接按 Delete 键删除。

7.1.6 复制/移动选中的幻灯片

右击选中的幻灯片，在弹出的快捷菜单中选择"复制"或"剪切"按钮，将选中的幻灯片复制/移动到"剪贴板"中，单击要插入的位置，右击，在弹出的快捷菜单中选择"粘贴选项"中"使用目标主题""保留源格式""图片"3 种格式之一。

7.1.7 保存演示文稿

演示文稿的保存方法与 Word 2010 文档保存的方法相同，即可通过单击"文件"菜单中的"保存"，打开"另存为"对话框（图 7-10）；用鼠标单击"保存位置"列表框按钮，从中选择文档要保存的文件夹。在"文件名"文本框中输入"大学信息技术实验指导"，单击"保存"按钮，在文档所保存的文件夹中就保存了"大学信息技术实验指导.pptx"文件。

图 7-10　文件"另存为"对话框

提示：保存演示文稿时将该演示文稿中的所有幻灯片都保存在同一个 PowerPoint 文件里，不必担心丢失某一张幻灯片。

7.1.8 幻灯片放映

单击状态栏中"幻灯片放映"按钮，进入"幻灯片放映"视图，PowerPoint 窗口就不见了，一张幻灯片占据了整个屏幕。每单击一次鼠标左键（或回车键），屏幕就显示下一张幻灯片，按 Esc 键可退出"幻灯片放映"状态。

7.1.9 关闭 PowerPoint 2010

与关闭 Word 2010 的方法相同，可通过单击标题栏的"关闭"按钮，或单击菜单栏上"文件"，单击"退出"。

7.2　演讲文稿对象的插入

在幻灯片中插入图形对象、艺术字、表格和图表、声音和视频等多媒体对象，可以使演示文稿更加图文并茂、有声有色、美观生动。在 PowerPoint 2010 的幻灯片中添加多媒体对象的方法与 Word 2010 基本相同。

7.2.1　图形对象的插入与处理

PowerPoint 2010 中的图形对象主要指的是图片、剪贴画、形状、SmartArt 图形等，插入方法有如下两种：

(1)利用图形占位符。在带有图形占位符的版式(图 7-11)中单击其中的一个图标，即可在占位符中插入相应的对象。

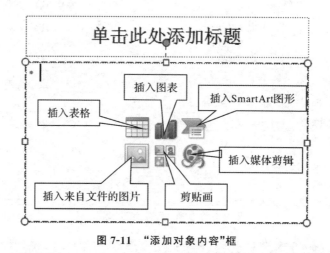

图 7-11　"添加对象内容"框

(2)使用"插入"选项卡的功能区。在"插入"功能区(图 7-12)中，利用"图像"组的"图片"按钮、"剪贴画"按钮，"插图"组的"形状"按钮、SmartArt 按钮、图表按钮等均可向幻灯片插入相应的图形对象。

图 7-12　"插入"功能区

【实验任务 7-4】

将"大学信息技术实验指导.pptx"演示文稿中的第 3 张幻灯片版式改为"两栏内容"，并在右边"内容"栏中插入 pt01.jpg 图片。具体操作步骤如下：

(1)选中第 3 张幻灯片，单击工具栏中"幻灯片"选项卡的"版式"选项，在弹出的"Office 主题"窗口(图 7-4)中选择"两栏内容",第 3 张幻灯片被改为"两栏内容"版式(图 7-13)。

(2)鼠标指针移到右边"添加对象内容"框中的"插入来自文件的图片"处单击,在打开"插入图片"对话框中"文件名"框输入 pt01. jpg,单击"插入"按钮,将所选的图片文件插到对象框(图 7-14)中,并自动关闭"插入图片"对话框。

图 7-13 "两栏内容"版式   图 7-14 "插入图片"示例

【实验任务 7-5】

在第 4 张"比较"版式幻灯片左边"添加对象内容"框中,导入 Excel 工作簿 pt01. xls 中的"高技术进出口统计表"工作表;在右边"添加对象内容"框中,导入 Excel 工作簿 pt01. xls 的"高技术进出口统计表"工作表,并选择 A2:D7 区域数据创建三维簇状柱形图图表,图表的其他设置取默认值。

1. 导入 Excel 工作表步骤

(1)打开 pt01. xls 工作簿,选择"高技术进出口统计表"工作表中要导入的内容,单击"开始"选项卡中"剪贴板"组的"复制"按钮。

(2)选中第 4 张幻灯片左边"添加对象内容"框,单击"剪贴板"组的"粘贴"按钮,再单击"选择性粘贴"的"保留源格式"的粘贴选项。

2. 导入图表步骤

(1)鼠标指针移到右边"添加对象内容"框中的"插入图表"处单击,在打开的"插入图表"对话框(图 7-15)中,选择"柱形图"模板中的"三维簇状柱形图",单击"确定"按钮。

(2)在打开的默认 Excel 工作簿"Microsoft PowerPoint 中的图表"(图 7-16)中,清除 Sheet1 工作表中所有单元格数据。

(3)打开"pt01. xls",选中"高技术进出口统计表"工作表中 A2:D7 单元格数据,单击"开始"选项卡中"剪贴板"组的"复制"按钮。

(4)选中"Microsoft PowerPoint 中的图表"的 Sheet1 工作表 A1 单元格,单击"剪贴板"组的"粘贴"按钮,再单击"选择性粘贴"的"保留源格式"的粘贴选项,单击"保存"按钮,在幻灯片

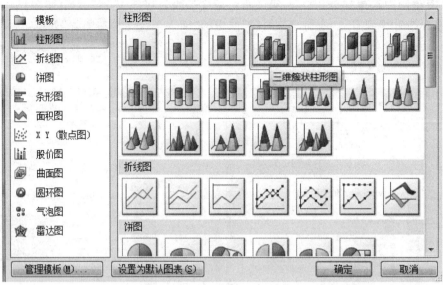

图 7-15　"插入图表"对话框

"添加对象内容"区中就建立了以 Sheet1 工作表 A1:D6 单元格为数据源的三维簇状柱形图图表（图 7-17）。

图 7-16　"Microsoft PowerPoint 中的图表"工作簿

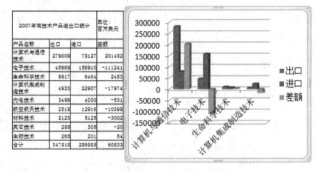

图 7-17　导入 Excel 数据创建图表

提示："选择性粘贴"中"保留源格式"选项可保留源数据的属性直接进行编辑。

"选择性粘贴"中"嵌入"选项是指将源文档中的对象复制到目的文档中，嵌入的对象保持与它嵌入的程序之间的联系，但不保持与源文档的联系，要编辑嵌入的对象，在目的文档中双击该对象就行了。

【实验任务 7-6】

在第 5 张"空白"幻灯片创建如图 7-18 所示的 SmartArt 图形、插入艺术字及剪贴画。

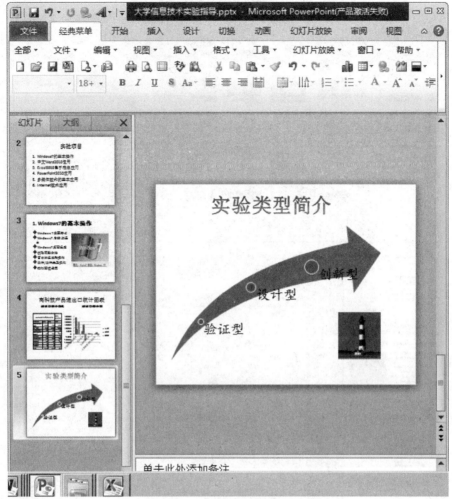

图 7-18　完成后的最终效果图

1. 创建 SmartArt 图形步骤

（1）选择第 5 张"空白"幻灯片，单击"插入"选项卡中"插图"组的 SmartArt 按钮 ，弹出"选择 SmartArt 图形"对话框。

（2）在该对话框中单击"流程"选项卡，在右侧的列表框中选择"向上箭头"选项，单击"确定"按钮，将该 SmartArt 图形插入当前幻灯片中，用鼠标拖动图形四周的控制点，调节其大小和位置，如图 7-19 所示。

（3）选定 SmartArt 图形，单击"SmartArt 工具的设计"选项卡，再单击"创建图形"组的"文本窗格"按钮，打开"在此处键入文字"窗格，在其中"文本"中依次输入如图 7-20 所示的文本，并设置字体字号，如楷体、38 号字。

（4）选定 SmartArt 图形，单击"SmartArt 工具的格式"选项卡中"形状样式"组的"形状填充"下拉按钮，在下拉列表中选择"浅蓝色"色块。

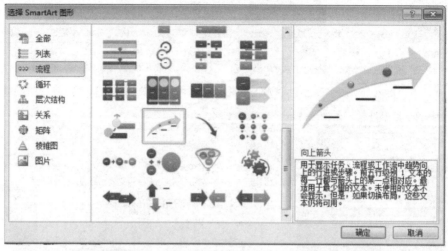

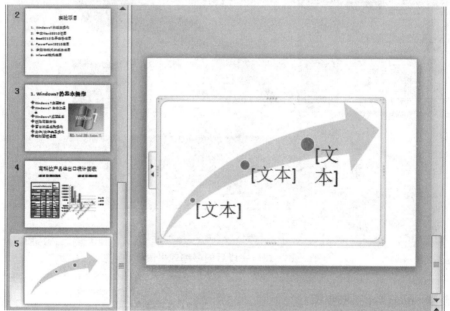

图 7-19　在幻灯片中插入 SmartArt 图形

2. 插入艺术字步骤

(1)单击"插入"选项卡中"文本"组的"艺术字"按钮。

(2)从打开的下拉列表中选择合适的艺术字样式,并输入"实验类型简介",调整位置。

3. 插入剪贴画步骤

(1)单击"插入"选项卡中"图像"组的"剪贴画"按钮,打开"剪贴画"任务窗格。

(2)选择剪贴画的类别,本例在"搜索文字"框内输入"A",在"结果类型"框内选中"插图"和"照片"类型(图 7-21)。单击"搜索"按钮,再单击所需的剪贴画,即可在幻灯片中插入剪贴画,调整位置。结果如图 7-18 所示。

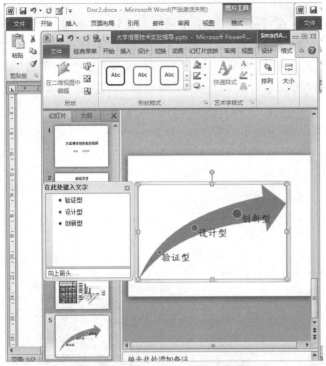

图 7-20　插入 SmartArt 图形效果图

图 7-21　"剪贴画"窗格

提示：插入表格的方法与 Word 2010 一样。如果要对插入的图片、剪贴画或 SmartArt 图形等对象进行效果编辑处理，可右击该对象，从弹出的"对象编辑快捷菜单"中选择"裁剪""旋转""设置图片格式"等选项，可进行图片裁剪、旋转、层叠设置、背景设置、色彩效果、调整尺寸、按比例缩放等编辑处理。

7.2.2　添加音频和视频

1. 插入音频

在 PowerPoint 2010 的幻灯片中，插入的音频可以来自剪辑库中，也可以来自其他文件。下面通过实际案例介绍插入音频的操作方法。

【实验任务 7-7】

在图 7-18 所示的第 5 张幻灯片中插入声音文件 pt01. mid，开始方式为跨幻灯片播放，放映时自动循环播放，直到停止。

（1）选定要添加音频的幻灯片（本例为第 5 张）。

（2）单击"插入"选项卡→"媒体"组→"音频"下拉按钮，在打开的音频下拉列表（图 7-22）中选择"文件中的音频"命令，弹出"插入音频"对话框。

（3）在该对话框中选择要插入的音频文件 pt01. mid，然后单击"插入"按钮，此时幻灯片中出现小喇叭图标和声音工具栏，如图 7-23 所示。

（4）单击"音频工具"中的"播放"选项卡，在"音频选项"组中根据需要设置"音量""开始方式"等选项（图 7-24），本例选中"跨幻灯片播放"开始及"循环播放，直到停止"复选框等。

（5）若要对音频文件进行剪裁，可选定小喇叭，单击"音频工具"的"播放"选项卡，单击"编辑"组的"剪裁音频"按钮，弹出"剪裁音频"对话框（图 7-25），拖动绿色或红色滑块剪裁音频文件的开头或结尾处。

（6）若要删除插入的音频，只需在幻灯片中选定小喇叭，按 Delete 键即可。

图 7-22 "音频"下拉列表

图 7-23 小喇叭图标和声音工具栏

图 7-24 设置音频播放方式

2. 插入视频

PowerPoint 2010 幻灯片中的视频可以来自文件，也可以来自剪辑库或网络。插入视频的方法与插入音频方法相同，所不同的只是插入后在幻灯片中呈现的标记不同，插入视频呈现的是"视频缩略图"标记（图 7-26），而插入音频通常显示的是小喇叭。

图 7-25 "剪裁音频"对话框

图 7-26 插入视频标记

幻灯片插入声音或视频后,可以更改其播放效果、播放计时及音频或视频的设置。具体操作步骤如下:

(1)选中幻灯片中要设置效果选项的音频或视频对象。

(2)单击"动画"选项卡中"高级动画"组的"动画窗格"按钮,在"动画窗格"列表栏中单击所选定的元素项目(音频或视频)右边的箭头。

(3)在"动画窗格"的下拉列表中选择"效果选项"(图 7-27),弹出"播放音频"对话框(图7-28),或"暂停视频"对话框(图 7-29)。

(4)在"效果"选项卡中设置开始播放、停止播放及声音增强方式等,在"计时"选项卡中设置开始播放方式及延时时间等,在"音频设置"或"视频设置"中设置音量及幻灯片放映时是否隐藏图标等。

图 7-27 "动画窗格"对话框

图 7-28 "播放音频"对话框

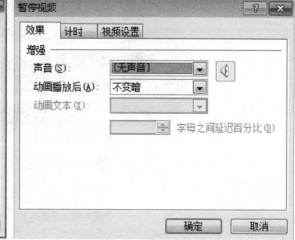

图 7-29 "暂停视频"对话框

7.3 演示文稿的外观设置

通过 PowerPoint 2010 所提供的主题、母版和版式等功能,对演示文稿的外观进行调整和设置,使它们具有统一、精致漂亮的外观。

7.3.1 设置主题和设置

主题是演示文稿的一种外观样式,用户可根据需求对幻灯片设置主题。若对选择的主题效果不满意,还可对其颜色、字体、效果进行更改。设置背景主要是更改幻灯片的背景颜色或填充效果。

【实验任务 7-8】

设置第 1 张幻灯片的主题样式为"流畅"，背景为样式 5，渐变填充的类型为线性。具体操作步骤如下：

（1）选中第 1 张幻灯片，单击"设计"选项卡下"主题"组的"其他"按钮 ，在打开"所有主题"列表框中右击"流畅"主题样式，在弹出的快捷菜单（图 7-30）中，选择"应用于选定幻灯片"。

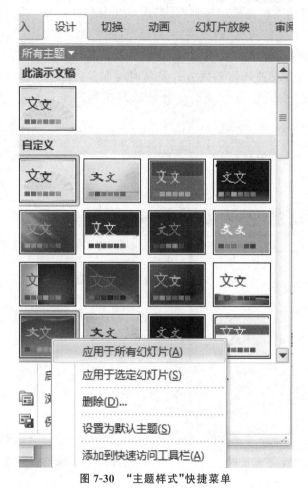

图 7-30 "主题样式"快捷菜单

（2）单击"背景"组的"背景样式"下拉按钮，在打开的下拉列表中选择"样式 5"，如图 7-31 所示。

（3）单击"背景"组右下角的对话框启动按钮 ，在弹出的"设置背景格式"对话框的左窗格中选择"填充"选项，在右窗格中选择"渐变填充"，如图 7-32 所示。单击"类型"下拉框，选择"线性"，单击"关闭"按钮。

> 提示：若直接单击"所有主题"列表框中的样式，该主题样式应用于演示文稿的所有幻灯片。

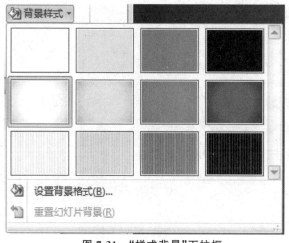

图 7-31　"样式背景"下拉框　　　　图 7-32　"设置背景格式"对话框

7.3.2　设置母版

母版又称主控。它可以预设演示文稿中所有幻灯片的格式,包括幻灯片背景、颜色、字体、效果、占位符位置和大小等。PowerPoint 2010 有幻灯片母版、讲义母版及备注母版 3 种类型,它们设置方法基本相同。

【实验任务 7-9】

在幻灯片母版的日期区插入可自动更新的当前日期(格式为 YYYY-MM-DD),在编号区插入幻灯片编号,在页脚区插入动作按钮 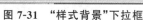并链接到第 1 张幻灯片。具体操作步骤如下:

(1)单击"视图"选项卡中"母版视图"组下"幻灯片母版"按钮 幻灯片母版 ,进入幻灯片母版视图,如图 7-33 所示。

(2)选中标题区,单击"插入"选项卡中"文本"组的"日期"按钮 ,在打开的"日期和时间"对话框(图 7-34)中选择 YYYY-MM-DD 格式,勾选"自动更新",单击"确定"按钮。

(3)选中编号区,单击"文本"组的"编号"按钮 。

(4)选中页脚区,单击"插图"组的"形状"下拉按钮,在弹出的"形状"下拉列表(图 7-35)中选择动作按钮 ,在打开的"动作设置"对话框(图 7-36)中选择"超链接到"第 1 张幻灯片,单击"确定"按钮。

(5)对上述母版对象设置完成后,单击"幻灯片母版"选项卡中"关闭"组的"关闭母版视图"按钮,可回到当前的幻灯片视图中。若想只改变单个幻灯片的版面,只需修改该幻灯片即可。

图 7-33　幻灯片母版视图

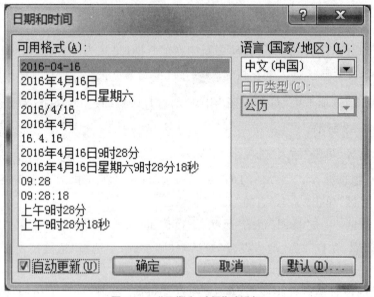

图 7-34　"日期和时间"对话框

图 7-35 "形状"列表框   图 7-36 "动作设置"对话框

> 提示：母版左侧列表中第1张平的幻灯片就是母版，下面列出了与上面幻灯片母版相关联的幻灯片版式。幻灯片母版有5个占位符（标题区、文本区、日期区、页脚区和编号区），这些占位符并没有实际内容，只是起引导用户操作的作用，用户可以按照提示进行母版标题样式编辑，页眉、页脚和幻灯片编号的设置，还可以在幻灯片母版中插入图片和图形，并调整其位置和大小。

7.4 创建和编辑超链接

PowerPoint 2010 提供的超链接技术可以建立幻灯片之间、幻灯片与网页或其他应用程序之间的联系。熟练掌握超链接技术，可制作具有交互、跳转功能的演示文稿，为幻灯片的演示锦上添花。

7.4.1 创建对象的超链接

在幻灯片视图中选择要进行链接的对象，单击鼠标右键，在弹出的快捷菜单中选择"超链接"命令（或单击"插入"选项卡中"链接"组的"超链接"按钮），弹出"插入超链接"对话框（图 7-37），在其中选择：

（1）"链接到"列表框中的"本文档中的位置"选项。在"请选择文档中的位置"列表框中给出要跳转到的同一演示文稿的不同幻灯片，定位后，单击"确定"按钮。

（2）"链接到"列表框中的"现有文件或网页"选项。借助"当前文件夹""浏览过的网页""最近使用过的文件""查找范围""地址"等找到要链接的文件或 Web 页。

【实验任务 7-10】

为第 2 张幻灯片的文本"3. Excel 2010 电子表格应用"设置超链接，使放映时单击该链接可至第 4 张幻灯片上。具体操作步骤如下：

(1)选中第 2 张幻灯片的文本"3. Excel 2010 电子表格应用"。

(2)右击，在弹出的快捷菜单中选择"超链接"命令，弹出"插入超链接"对话框，如图 7-37 所示。

(3)选择"链接到"列表框中的"本文档中的位置"选项，选择第 4 张幻灯片的标题"4. 高科技产品进出口统计图表"。

(4)单击"确定"按钮，完成超链接的设置。

由于创建的超链接对象为文本，自动添加下划线作为超链接的标记，并显示所选主题的颜色。

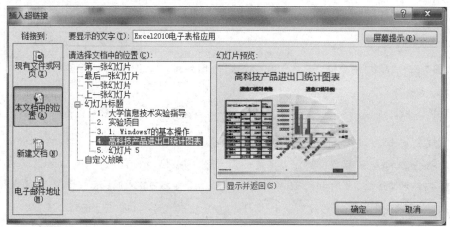

图 7-37　"插入超链接"对话框

提示：超链接只有在幻灯片放映时才能起作用，其他视图下不起作用。

除了可以选择幻灯片的对象设置超链接外，还可以为幻灯片添加进行超链接的动作按钮，设置方法参见【实验任务 7-9】中插入动作按钮设置。

提示：在"动作设置"对话框中选择"超链接到"选项，单击下拉列表按钮，都可以选择要跳转的目的幻灯片或文件或 URL 地址。如果需要在跳转时播放声音，那么可以选择"播放声音"选项，并从下拉列表中选择需要的声音效果。

7.4.2　编辑超链接

将鼠标右击已建立超链接的对象，在弹出的快捷菜单上选择"编辑超链接"命令，此时系统会根据创建时使用的方法，弹出与创建时内容相近的"编辑超链接"对话框，或"动作设置"对话框供编辑。

若要删除已建立的超链接，可使用上述方法，在"编辑超链接"对话框中单击"删除链接"，或在"动作设置"对话框中选择"无动作"选项,也可用 Delete 键直接删除该动作按钮。

7.5　设置动画效果

设置幻灯片间的"换页"和幻灯片对象的动画效果,可增强演示文稿播放的活泼性和趣味性,使播放效果声色俱佳。

7.5.1　设置幻灯片切换效果

幻灯片间的切换效果是指演示文稿放映过程中,幻灯片进入和离开屏幕时以动画方式放映的特殊效果。

【实验任务 7-11】

设置幻灯片的切换,水平百叶窗、持续时间 2 秒,每张幻灯片自动切换时间为 3 秒,并应用于所有幻灯片。具体操作步骤如下:

(1)单击"切换"选项卡中"切换到此幻灯片"组的"其他"按钮 ▾ ,在打开的下拉列表中选择"华丽型"中的"百叶窗",如图 7-38 所示。

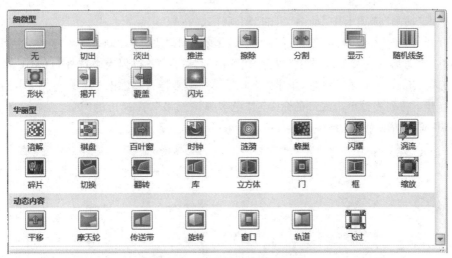

图 7-38　幻灯片切换效果列表

(2)单击"效果选项"按钮,选择"水平"切换方向,在"计时"组中选择时钟为 02.00,如图 7-39所示。

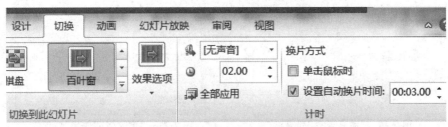

图 7-39　"切换"选项卡功能区

（3）在"计时"组中勾选"设置自动换片时间"并选择 3 秒。

（4）单击"计时"组中"全部应用"按钮，即可将上述设置应用于所有幻灯片；否则，只应用于当前选定的幻灯片。

提示：若"计时"组中"单击鼠标时"和"设置自动换片时间"两种都勾选，版式只要一种切换方式发生就换页。若要取消切换效果，在图 7-39 所示的下拉列表中选择"无"即可。

7.5.2 设置幻灯片对象动画效果

动画效果包括"进入"、"退出"、"强调"和"动作路径"4 种，用户可根据需要为幻灯片中的文本、图形、图表和其他对象设置动画效果。

【实验任务 7-12】

设置第 5 张幻灯片中的"实验类型简介"动画进入方式为自左下部飞入动画效果，设置 SmartArt 图形的动画样式为强调"闪烁"、效果为"逐个"、开始为"上一动画之后"。具体操作步骤如下：

（1）在第 5 张幻灯片中选定"实验类型简介"框。

（2）单击"动画"选项卡中"动画"组的"动画样式"按钮。

（3）打开下拉列表框（图 7-40），选择"进入"区域中的"飞入"动画。

（4）单击"动画"组的"效果选项"按钮，在弹出的"方向"下拉列表中选择"自左下部"选项。

（5）选定 SmartArt 图形对象，单击"动画"组的"动画样式"按钮。

（6）打开下拉列表框单击底部的命令项"更多强调效果"，在弹出的"更改强调效果"对话框（图 7-41）中选择"华丽型"区域中的"闪烁"动画效果，单击"确定"按钮。

图 7-40 "动画效果"列表框

图 7-41 "更改强调效果"对话框

(7) 单击"动画"组的"效果选项"下拉按钮,选择"逐个"序列。

(8) 单击"计时"组的"开始"下拉按钮,选择"上一动画之后"。

> 提示:单击"动画"选项卡中"预览"组的"预览"按钮,可在幻灯片中预览添加的动画效果。若要取消对象所添加的动画,可选中该对象,在其下拉列表中选择"无"即可。

经【实验任务 7-1】~【实验任务 7-12】的实验操作,最终效果如图 7-42 所示的幻灯片浏览视图展示。

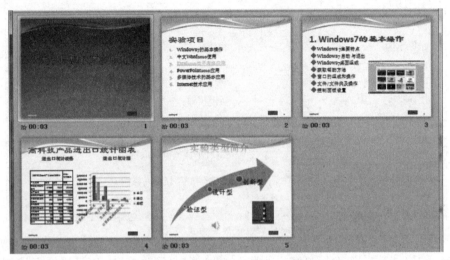

图 7-42　幻灯片浏览视图展示最终效果

7.6　幻灯片放映

利用"幻灯片放映"选项卡(图 7-43)提供的功能,用户可以设置幻灯片的放映方式和开始放映位置。

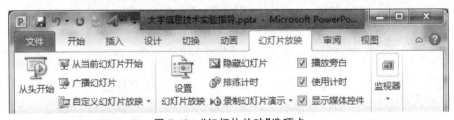

图 7-43　"幻灯片放映"选项卡

7.6.1　设置幻灯片放映

【实验任务 7-13】

设置幻灯片的放映方式,放映类型为"演讲者放映(全屏幕)",放映时"循环放映,按 ESC 键终止";放映时隐藏第 3 张幻灯片,并打开"排练计时";从第 1 张幻灯片开始放映。具体操作步骤如下：

（1）单击"幻灯片放映"选项卡中"设置"组的"设置幻灯片放映"按钮，打开"设置放映方式"对话框，如图 7-44 所示。

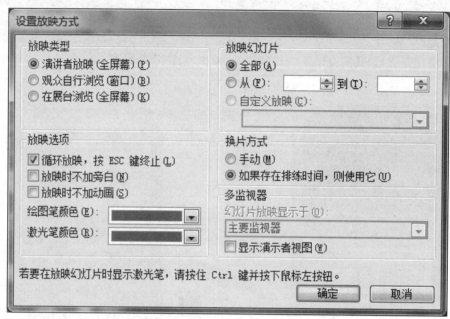

图 7-44　"设置放映方式"对话框

（2）选择"演讲者放映（全屏幕）"放映类型，再选择"循环放映，按 ESC 键终止"放映选项。

（3）选中第 3 张幻灯片，单击"设置"组的"隐藏幻灯片"按钮。

（4）单击"设置"组的"排练计时"按钮。

（5）单击"开始放映幻灯片"组的"从头开始"按钮。

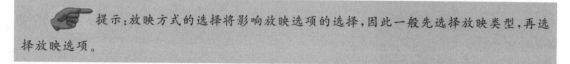

提示：放映方式的选择将影响放映选项的选择，因此一般先选择放映类型，再选择放映选项。

7.6.2　启动幻灯片放映

设置幻灯片放映之后，就可以启动幻灯片放映。操作方法有以下 3 种：

（1）从演示文稿中启动幻灯片放映。单击状态栏中"幻灯片放映"按钮，或按 F5 键，或单击图 7-43 中的"从当前幻灯片开始"按钮。

（2）自定义放映。如果需要在不同场合放映几个相似的演示文稿，首先要创建一个将用于所有场合的幻灯片演示文稿，然后进行自定义放映，其操作方法如下：

①选择图 7-43"自定义幻灯片放映"下拉按钮中的"自定义放映"，弹出"自定义放映"对话框，如图 7-45 所示。

②单击"新建"按钮，弹出"定义自定义放映"对话框，如图 7-46 所示。

③在"在演示文稿中的幻灯片"列表框中选取要添加到自定义放映的幻灯片，单击"添加"，添加完毕，单击"确定"按钮。

④单击"自定义放映"对话框中的"关闭"按钮。

图 7-45 "自定义放映"对话框

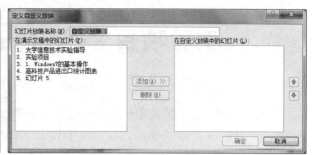

图 7-46 "定义自定义放映"对话框

（3）将演示文稿另存为幻灯片放映。在演示文稿中单击"文件"选项卡的"另存为"命令，打开"另存为"对话框（图 7-47），在"保存类型"框中选择"PowerPoint 放映（*.ppsx）"，单击"保存"。

图 7-47 文件"另存为"对话框

这样就将演示文稿另存为"大学信息技术实验指导.ppsx"，以后打开该文件时自动以全屏模式放映幻灯片。

实验项目 8 Internet 基本应用

本实验项目主要介绍使用网络命令查看计算机 IP 地址信息，对 IP 地址进行配置以连接到 Internet，IE 浏览器的使用，OUTLOOK EXPRESS 邮箱的使用，以及利用搜索引擎在 Internet 获取信息的技巧。

8.1 配置计算机的 IP 地址

8.1.1 使用网络命令查看计算机 IP 地址信息

1. IP 地址

Internet 在世界范围内连接了上千万台计算机，每一台计算机都必须拥有一个由授权机构分配的唯一的 IP 地址。IP 地址相当于计算机在 Internet 中的"身份证号"，人们就是利用 IP 地址来标识每一台计算机在 Internet 中所处的位置的，拥有 IP 地址的计算机在 Internet 上的一切网络活动，都会打上它的 IP 地址的印记。所以，没有 IP 地址，计算机将不能访问网络。目前计算机中常用的 IP 地址有 IPv4 和 IPv6 两个版本。

2. 使用 ipconfig 命令查看计算机 IP 地址信息

使用 ipconfig 命令查看计算机 IP 地址信息的具体操作方法如下：

（1）单击显示器左下方的"开始"按钮图标。

（2）再单击"运行"选项，如图 8-1 所示。

图 8-1 "开始"按钮的"运行"选项

（3）弹出"运行"对话框，在里面输入命令 cmd，如图 8-2 所示。

图 8-2 "运行"对话框

（4）单击确定后就会弹出黑色的 Windows 7 命令交互窗口，在里面输入 ipconfig/all 命令，如图 8-3 所示。

图 8-3 Windows 7 命令交互窗口

（5）按回车键后将显示本机的 IP 地址、子网掩码、默认网关及网卡物理地址等相关网络信息，如图 8-4 所示。

图 8-4 IP 地址信息

8.1.2 给计算机设置固定 IP 地址

1. 动态 IP 地址与固定 IP 地址

在计算机中使用的 IP 地址有动态 IP 地址和固定 IP 地址两种。动态 IP 地址是通过 Modem、ISDN、ADSL、有线宽带、小区宽带等方式上网的计算机，每次上网所分配到的 IP 地址都不相同，这就是动态 IP 地址。动态 IP 地址是用户上网时自动获取的，无须用户设置。目前，大部分家庭用户都是通过动态 IP 地址上网的。

固定 IP 地址是长期分配给一台计算机或网络设备使用的 IP 地址，是用户向 IP 地址管理机构或其代理签约购买的。一般来说，采用局域网方式或者专线方式上网的计算机才拥有固定的 Internet IP 地址。

2. 设置固定 IP 地址

使用 ipconfig 命令只能快速查看计算机的 IP 地址信息，无法进行修改设置。如果希望给计算机设置固定 IP 地址，具体操作方法如下：

（1）单击显示器左下方的"开始"按钮图标 。

（2）单击"控制面板"选项，如图 8-5 所示。

图 8-5 "开始"按钮的"控制面板"选项

（3）在弹出的"控制面板"窗口，单击"网络和共享中心"选项，如图 8-6 所示。

图 8-6 "控制面板"窗口

（4）在弹出的"网络和共享中心"窗口，单击"更改适配器设置"选项，如图 8-7 所示。

图 8-7 "网络和共享中心"窗口

（5）在弹出的"网络连接"窗口，右键单击需要配置的"本地连接"选项，在下拉菜单中选择"属性"选项，如图 8-8 所示。

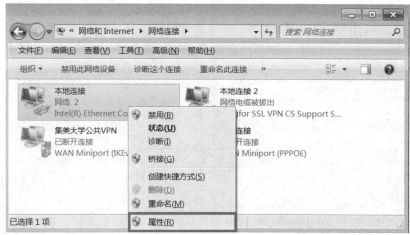

图 8-8 "网络连接"窗口

（6）在弹出的"本地连接属性"窗口，单击选中"Internet Protocol Version 4（TCP/IPv4）"，然后单击"属性"按钮，如图 8-9 所示。

图 8-9　"本地连接属性"窗口

（7）在打开的"属性"对话框中，选择"使用下面的 IP 地址"，根据上网计算机的实际情况进行固定 IP 地址、子网掩码、默认网关及域名服务器等网络信息配置，最后单击"确定"按钮，如图 8-10 所示。如果要使用动态 IP 地址，在打开的"属性"对话框中，选择"自动获得 IP 地址"并单击"确定"按钮，如图 8-11 所示。

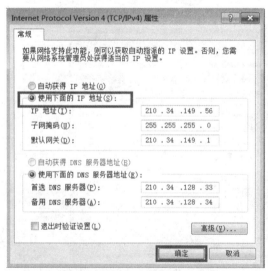

图 8-10　设置固定 IP 地址的属性窗口

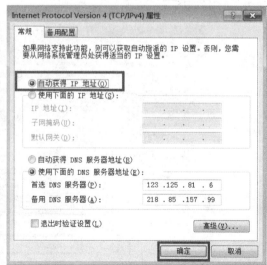

图 8-11　使用动态 IP 地址的属性窗口

8.2　漫游 Internet

8.2.1　Internet Explorer(IE)浏览器概述

在 Internet 访问网页内容离不开浏览器软件,浏览器软件的主要功能是对接收到的网页信息进行解释并将其显示给用户。通过使用浏览器,人们可以利用计算机方便地搜索、浏览、获取 Internet 上的丰富资源。Microsoft Internet Explorer(IE)浏览器是微软公司开发的基于超文本技术的 Web 浏览器,它功能强大、操作简单,是目前使用较多的浏览器软件之一。除此之外,还有其他一些浏览器软件如 Netscape Navigator,近年发展迅猛的火狐浏览器,国内厂商开发的腾讯 TT 浏览器、遨游浏览器、360 安全浏览器等,这些也都是不错的上网浏览器。

8.2.2　Internet Explorer(IE)的使用

1. 启动 IE 浏览器

双击桌面的 IE 浏览器快捷图标，或单击开始按钮图标右侧"快速启动工具栏"上的 IE 浏览器图标,启动 IE 浏览器程序,在打开的 IE 浏览器窗口中会自动呈现其默认的主页信息。

如要访问某个其他网站,可以在"地址栏"输入该网站的地址,比如 http://www.sohu.com(搜狐网主页地址),按下 Enter 键,浏览器窗口中就会呈现出所要访问的页面内容,如图 8-12 所示。

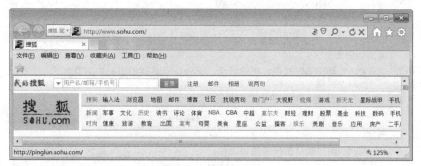

图 8-12　搜狐网主页

2. 设置主页

浏览器的主页是浏览器打开时首先要访问的网页,所以人们往往会把经常访问的网站或者导航网站设置为主页,这样一打开浏览器,就可以首先看到自己喜欢的网站,提高上网效率。

例如,要把"搜狐网主页"设置为浏览器主页,具体操作方法如下:

(1)在打开的浏览器窗口中单击"工具"菜单项,在弹出的"工具"菜单中单击"Internet 选项",如图 8-13 所示。

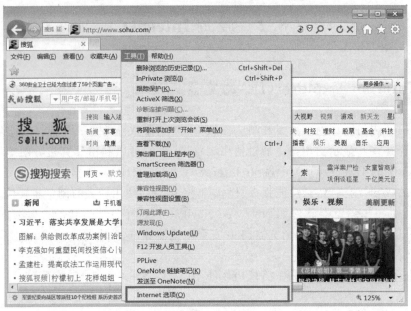

图 8-13　工具菜单

（2）在打开的"Internet 选项"对话框中，选择"常规"选项卡，在主页设置区中输入地址 http://www.sohu.com/，如图 8-14 所示。

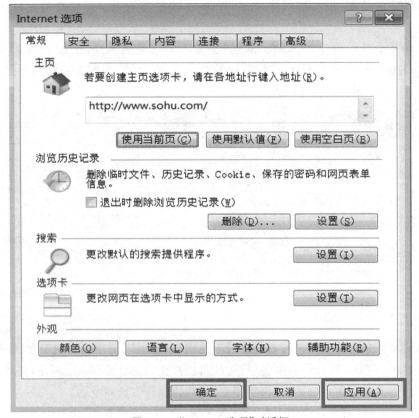

图 8-14　"Internet 选项"对话框

（3）单击"应用"按钮和"确定"按钮，此后 IE 浏览器就会在每次启动后自动呈现出搜狐网站的主页内容。

3. 使用网址导航

Internet 上的网站分门别类，数量众多，而且鱼龙混杂。为了提高上网的效率同时也能在一定程度上规避"钓鱼网站"的风险，可以使用网址导航。提供网址导航的网站有很多，比较著名的有 hao123(www.hao123.com)、360 导航(www.hao.360.cn)、QQ 导航(www.qq.com)等。这些导航网站会及时收录和更新各领域比较知名的优秀网站，单击网站名称下的超链接即可打开相应网站的主页。图 8-15 所示为 hao123(www.hao123.com)的导航网站。

图 8-15　hao123(www.hao123.com)导航网站

4. 收藏网页

用户在浏览网页的时候经常会发现一些自己喜欢的网站，很值得收藏起来，以便下次上网时能直接访问，但是要记住这些网站的网址却是件很费神的事情。IE 浏览器的收藏夹功能给用户提供了收藏网站的功能，利用它，用户可以把这些网站的网址存入收藏夹中，以后要访问这些网站时，只需要单击收藏夹中保存的相应网站名就可以立即访问该网站了。

那么怎样收藏网页呢？具体操作方法如下：

（1）访问需要收藏的网站主页，如淘宝网(http://www.taobao.com/)。

（2）单击 IE 浏览器"收藏夹"菜单项，在弹出的菜单中单击"添加到收藏夹"菜单项，如图 8-16 所示。

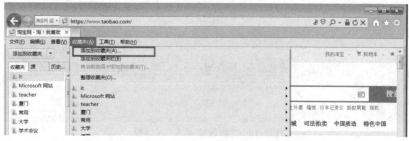

图 8-16　添加网站到收藏夹

（3）在弹出的"添加收藏"对话框中，单击"添加"按钮，如图 8-17 所示。

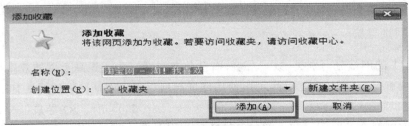

图 8-17 "添加收藏"对话框

（4）单击收藏夹，就可以看到淘宝网收藏项了，如图 8-18 所示。下次再想访问淘宝网站时，就可以直接打开收藏夹，单击该收藏项即可。

图 8-18 淘宝网收藏项

当收藏夹中保存的网站较多时，为方便使用，可以对之进行分类整理。单击 IE 浏览器"收藏夹"菜单项，在弹出的菜单中单击"整理收藏夹"菜单项，会弹出"整理收藏夹"对话框，如图 8-19 所示。在"整理收藏夹"对话框中，可以创建新文件夹，并将收藏夹中保存的网站分类保

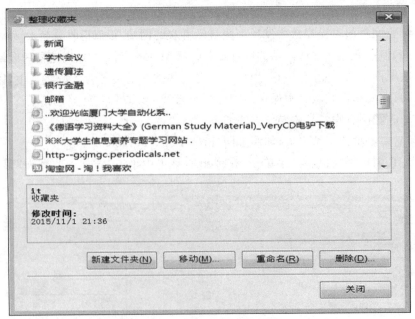

图 8-19 "整理收藏夹"对话框

存到不同的文件夹中,也可以移动、重命名或删除不用的网站,十分方便。

5. 保存网页信息

在浏览网站时,如果用户发现了有价值的网页,可以把它们整页下载到自己的计算机中保存起来,也可以只选择网页中自己感兴趣的某部分信息下载到自己的计算机中,如网页中的图片、视频、文字内容等。

(1)保存整个网页。使用 IE 浏览器打开一个要保存的网页,单击"文件"菜单项,在弹出的菜单中单击"另存为"菜单项,如图 8-20 所示。在弹出的"保存网页"对话框中选择要保存网页文件的位置,在义件名框中输入文件名,并单击"保存"按钮,如图 8-21 所示。

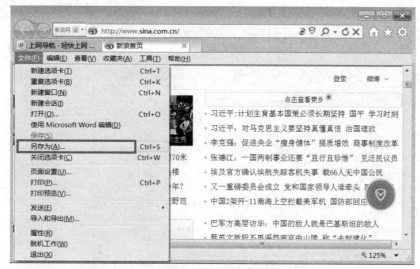

图 8-20 "文件"菜单

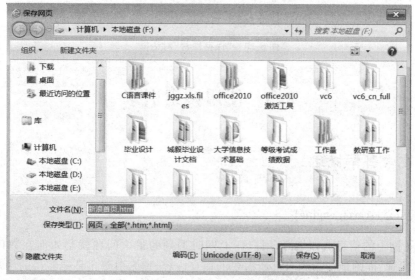

图 8-21 "保存网页"对话框

（2）保存网页中的图片。如果只是想保存网页中的精美图片，不想保存整个网页时，可以用鼠标右键单击网页中想要保存的图片，在弹出的快捷菜单中选择"图片另存为"菜单项，如图 8-22 所示。在弹出的"保存图片"对话框中选择要保存图片文件的位置，在文件名框中输入图片文件名，并单击"保存"按钮，如图 8-23 所示。

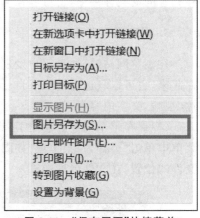

图 8-22 "保存网页"快捷菜单

图 8-23 "保存图片"对话框

8.3 使用搜索引擎

8.3.1 搜索引擎概述

1. 搜索引擎（search engine）

Internet 网上的信息浩如烟海，用户在上网时遇到的最大问题就是如何在数以千万计的网站中能够快速、准确地搜索到自己所需要的信息内容，搜索引擎正是能够帮助用户解决这一难题的有力工具。搜索引擎是指根据一定的策略、运用特定计算机程序、在未知对方站点 IP 地址和域名的情况下，主动从互联网上搜集信息，在对信息进行组织和处理后，为用户提供查询检索服务的一种信息服务系统。

搜索引擎主要有两大类：一类是目录分类式搜索引擎，这类搜索引擎是按照目录把众多网站分类，用户查询时直接按照分类目录查找信息，无须输入检索词，如雅虎。另一类是全文检索式搜索引擎，用户查询信息时要输入检索词，并提交给搜索引擎进行查询检索，如百度、谷歌等。

2. 常用的搜索引擎网站

(1)百度(http://www.baidu.com)。

百度是目前全球最大的中文全文检索式搜索引擎，其功能完备、搜索精度高，是目前国内用户使用率最高的搜索引擎。百度公司于 2000 年 1 月创立于北京中关村，致力于向人们提供"简单，可依赖"的信息获取方式。"百度"二字源于中国宋朝词人辛弃疾的《青玉案·元夕》词句"众里寻他千百度"。百度主页如图 8-24 所示。

图 8-24　百度主页

(2)其他常用的搜索引擎还有：
①谷歌(http://www.google.com)。
②雅虎中国(http://www.yahoo.com.cn)。
③搜狗(http://www.sogou.com)。

8.3.2　实用搜索技巧

在 Internet 上有许多有价值的信息，同时也存在众多垃圾信息。要想使用搜索引擎高效精准地检索到需要的信息、过滤掉垃圾信息，就需要掌握一些搜索引擎的使用技巧，学习搜索引擎使用语法，并通过大量的实践练习，积累经验。各搜索引擎的搜索语法不完全相同，下面以百度搜索引擎为例，介绍一些比较通用的搜索语法。

1. 简单查询

在搜索引擎中输入检索词，然后单击搜索按钮，百度就会自动寻找所有符合查询条件的资料，并按照某种排名算法把最相关的网站或资料排在前列。检索词就是在搜索框中输入的文字,也就是用户希望查找的内容。检索词的内容可以是人名、网站、新闻、小说、软件、游戏、星座、工作、购物、论文等,其格式可以是任何中文、英文、数字,或中文英文数字的混合体。搜索引擎一般很快会返回查询结果。这是最简单方便的查询方式,但是查询的结果往往不够准确,可能包含着一些无用的信息。

2. 使用双引号实现检索词的完全匹配查询

给要查询的检索词加上双引号(在搜索语法中使用的标点符号一律用英文半角,以下要加的其他符号同此),可以实现对检索词的精准查询。用这种方法查询的结果会和检索词完全匹配,不会包含检索词的各种拆分及演变形式。例如,在搜索引擎的搜索框中输入带双引号的"电话传真",则只有严格含有"电话传真"连续 4 个字的网页才能被查找出来,而不会返回仅包含"电话"或只包含"传真"之类的网页,这样搜索的结果会更加准确。使用检索词进行简单查询和完全匹配查询的结果对比如图 8-25 和图 8-26 所示。

图 8-25　简单查询结果

3. 使用减号(—)排除含有某检索词的网页

在检索词的前面使用减号,含义是在查询结果中一定不能出现减号后面的检索词,这样可以主动过滤掉一些无关网页。但在使用时要注意:在减号之前必须加一个空格,否则减号会被当成连字符处理而失去减号语法功能,减号后面不用加空格。例如,在搜索引擎中输入"电视台—中央电视台",它就表示最后的查询结果中包含"电视台",但不包含"中央电视台"的网页,查询结果如图 8-27 所示。

图 8-26　完全匹配查询结果

图 8-27　使用减号的查询结果

4. 使用空格表达"与"逻辑

如果需要查询同时包含多个检索词的资源,只需要用空格连接这些检索词就可以了。在检索词的前面使用空格,等于告诉搜索引擎该检索词必须出现在查询结果的网页中,表达了一种"与"逻辑。例如,在搜索引擎中输入空格和"考研德语"就表示要查找的内容必须要同时包含"考研"和"德语"这两个检索词,查询结果如图 8-28 所示。

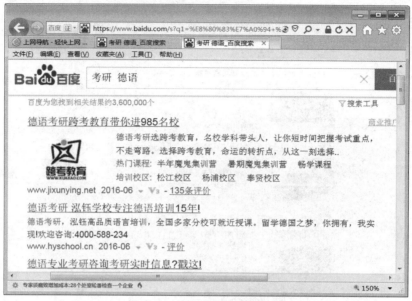

图 8-28　使用空格的查询结果

5. 使用符号"|"表达"或"逻辑

百度搜索引擎使用符号"|"表达"或"逻辑。如果要求查询结果中至少包含多个检索词中的任意一个时,可以使用符号"|"连接检索词。符号"|"位于键盘 Enter 键上方,输入时使用英文半角,前后加空格。例如,在搜索引擎中输入"乒乓球|羽毛球"就表示要查找的结果中或者包含"乒乓球"或者包含"羽毛球"或者两个都包含,查询结果如图 8-29 所示。

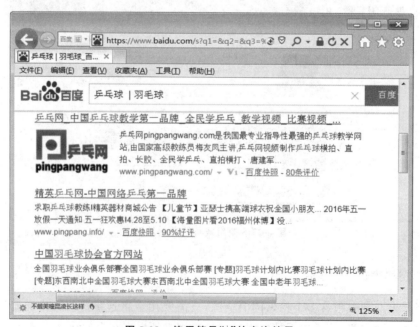

图 8-29　使用符号"|"的查询结果

6. 使用 filetype 指定搜索文件类型

在搜索引擎输入检索词时可以使用关键字"filetype"指定希望搜索文件的类型。其语法是:"filetype:文件类型",注意其中的冒号为英文半角的冒号,冒号后不加空格,紧跟文件类型。例如,"filetype:pdf 大数据"搜索出有关大数据内容的 pdf 文件,还可以变换为其他文件类型如"filetype:doc""filetype:ppt""filetype:xls"等,查询结果如图 8-30 所示。

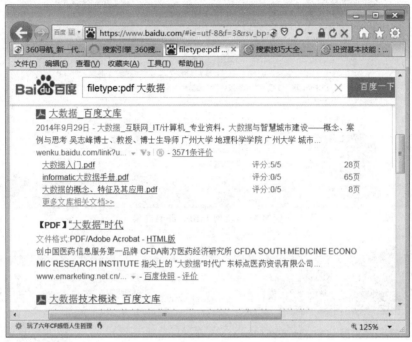

图 8-30　使用 filetype 查询结果

7. 使用 intitle 限定搜索标题

使用关键字"intitle"可以指定在搜索结果的标题中必须包含某检索词。例如,在百度搜索框中输入"intitle:互联网+",则限定搜索标题中含有"互联网+"的网页,查询结果如图 8-31 所示。

8. 使用 site 把搜索范围限定在指定网站

如果知道某个站点中有自己需要找的东西,就可以使用关键字"site"把搜索范围限定在这个站点中以提高查询效率。使用的方式是在查询内容的后面,加上"site:站点域名"。

例如,天空网下载软件不错,就可以这样查询:msn site:skycn.com

注意,"site:"后面紧跟的站点域名,不要带"http://";另外,"site:"和站点名之间,不要带空格。

例如,在百度搜索框中输入"msn site:skycn.com",查询结果如图 8-32 所示。

9. 使用 inurl 限定搜索地址

使用关键字"inurl"可以限定在搜索结果的 URL 地址中必须包含某检索词。例如,在搜

图 8-31　使用 intitle 查询结果

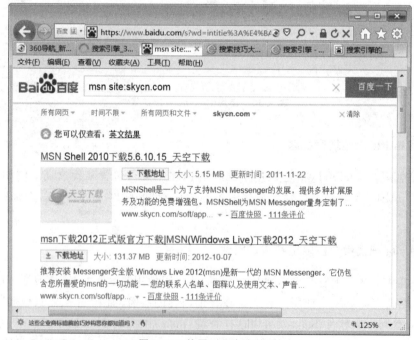

图 8-32　使用 site 查询结果

索框中输入"房产税 inurl:gov"，则限定搜索引擎查询各级政府网站上发布的有关房产税的信息，这样查询的内容权威、可信度高，查询结果如图 8-33 所示。

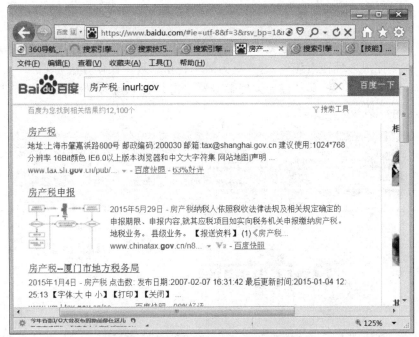

图 8-33　使用 inurl:gov 查询结果

10. 使用短语或语句做检索词

　　如果检索词是一个短语或一条完整语句(中间含有空格),使用时需要在检索词两端加双引号(英文半角)进行完全匹配查询,否则空格会被当作逻辑"与"操作符来解释。例如,在搜索框中输入"just do it",查询结果如图 8-34 所示。

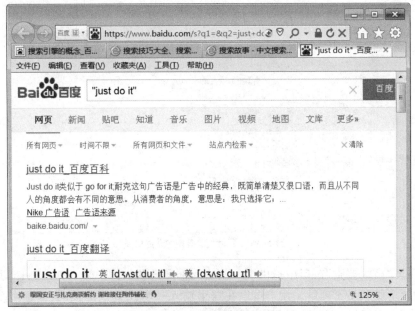

图 8-34　使用短语查询结果

11. 使用百度高级搜索功能

如果对前面介绍的搜索语法感觉难以记忆和掌握，也可以直接使用百度搜索引擎提供的高级搜索功能来完成各种搜索任务，这样更为简单轻松。具体操作方法如下：

（1）启动百度搜索引擎，移动鼠标到搜索引擎主窗口右上角的"设置"菜单项，弹出一个下拉菜单，如图 8-35 所示。

图 8-35　百度搜索引擎"设置"菜单项

（2）单击"高级搜索"菜单项，打开百度高级搜索窗口，如图 8-36 所示。

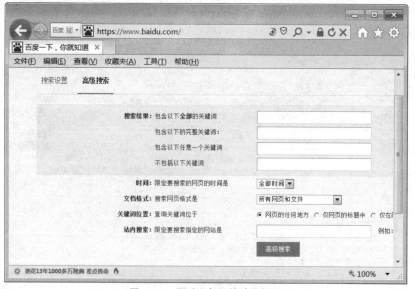

图 8-36　百度"高级搜索"窗口

（3）在百度"高级搜索"窗口中提供了一些输入框和选项供用户输入查询选择，其中每一项的含义都十分清楚和易于理解。用户可以在这里输入一个或多个检索词、设置多个检索词之间的"与或非"逻辑、设置完全匹配查询、指定搜索文件格式、限定检索词的位置、指定搜索网站等。在完成这些选项后，单击"高级搜索"按钮，百度就会立即启动搜索，返回查询结果，并且会把本次查询对应的搜索表达式显示在查询输入框中。例如，在"包含以下全部的关键词"输入框中输入"武侠小说"，在"不包括以下关键词"输入框中输入"古龙"，在文档格式选项中选择 Word 文档，如图 8-37 所示。

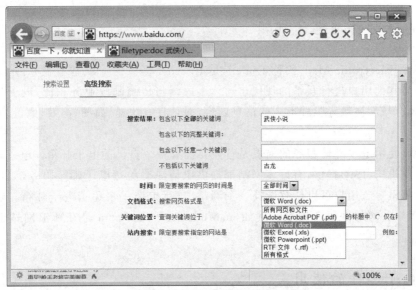

图 8-37　"高级搜索"设置

启动搜索后返回的查询结果如图 8-38 所示。请注意：在图 8-38 的查询输入框中显示出了对应的搜索表达式。

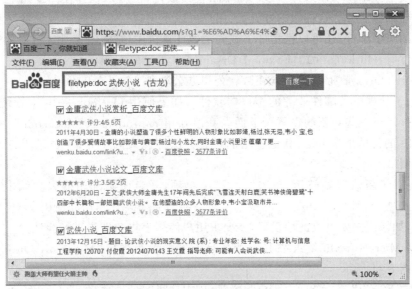

图 8-38　高级搜索查询结果

8.4 邮件系统的使用

8.4.1 电子邮件与电子邮箱

电子邮件(Electronic Mail)简称 E-mail,是 Internet 提供的一项基本服务,是一种用户通过互联网络与其他用户进行联系的现代化通信手段。与传统邮政业务相比,电子邮件可以传递文字、图像、声音、视频等多种形式的信息内容,而且具有快速、简便、高效、廉价、一件多发等特点。

用户能够使用电子邮件服务的前提是首先要拥有一个自己的电子邮箱。电子邮箱通常由电子邮件服务机构(ISP)提供,有许多网站都提供申请注册免费电子邮箱服务,如新浪、网易、搜狐、雅虎、腾讯等。用户可以任意选择一个网站,自行申请一个免费电子邮箱。电子邮箱地址格式是:用户名@邮件服务器名。例如,nanfudianci@sina.com 是在新浪网站申请的免费电子邮箱地址。

8.4.2 电子邮件的使用

1. 设置 Microsoft Outlook 2010

用户收发电子邮件可以选择登录网站邮箱直接操作,也可以选择使用专用电子邮件客户端软件来处理邮件业务。这样做的好处是:用户可以不用自己登录邮箱服务网站就进行收发和管理自己的电子邮件,还可以把信件下载到本地计算机中,增强安全性。目前常见的电子邮件客户端软件有:Outlook 2010,Foxmail,DreamMail,KooMail 等。

Microsoft Outlook 2010 是包含在微软公司办公软件 Microsoft Office 2010 中的一个套件,是专门用于处理电子邮件业务的客户端软件。如果使用 Outlook 2010 来管理网站邮箱,还需要对软件进行一些必要的设置。下面以新浪邮箱 nanfudianci@sina.com 为例介绍使用 Outlook 2010 的初始配置方法,其他邮箱的设置方法与此大同小异,可登录相应的网站邮箱查看设置说明。

(1)首先登录新浪网站邮箱,单击"设置"菜单项,开启网站邮箱的客户端 POP/IMAP/SMTP 服务选项,如图 8-39 和图 8-40 所示。多数网站为提高其邮箱的使用安全性,都默认关闭此项服务,如果用户要更改此项设置,还要求用户使用手机验证码进行验证。

(2)启动 Microsoft Outlook 2010。如果是首次配置会弹出"Microsoft Outlook 2010 启动"窗口,如图 8-41 所示。

(3)单击"下一步",在弹出的"账户配置"窗口中选择"是"选项,如图 8-42 所示。

(4)单击"下一步",在弹出的"添加新账户"窗口中选择"手动配置服务器设置或其他服务器类型",单击"下一步",选择"Internet 电子邮件",如图 8-43 所示。

(5)单击"下一步",在弹出的新窗口中填写必要的账户信息。例如,在姓名输入框中输入"nanfudianci";在电子邮件地址输入框中输入申请到的邮箱地址"nanfudianci@sina.com";账户类型选择"POP3";在接收邮件服务器输入框中输入"pop.sina.com";在发送邮件服务器输

图 8-39　开启 POP3/SMTP 服务

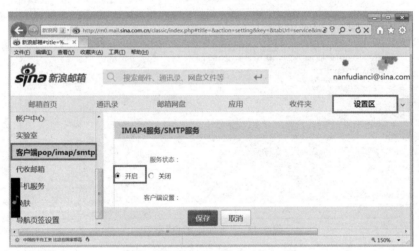

图 8-40　开启 IMAP4/SMTP 服务

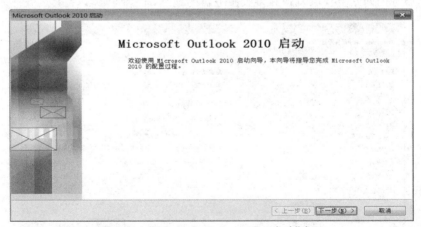

图 8-41　"Microsoft Outlook 2010 启动"窗口

入框中输入"smtp. sina. com";在用户名和密码输入框中输入申请邮箱时使用的用户名和密

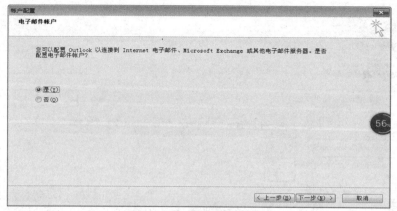

图 8-42 "账户配置"窗口

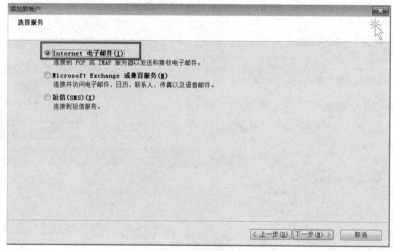

图 8-43 "添加新账户"窗口

码，如图 8-44 所示。（注意：不同的网站邮箱其收发邮件服务器地址不同，配置时需先要登录到提供邮箱服务的网站上获取发送和接收服务器的地址，根据要求填写。）

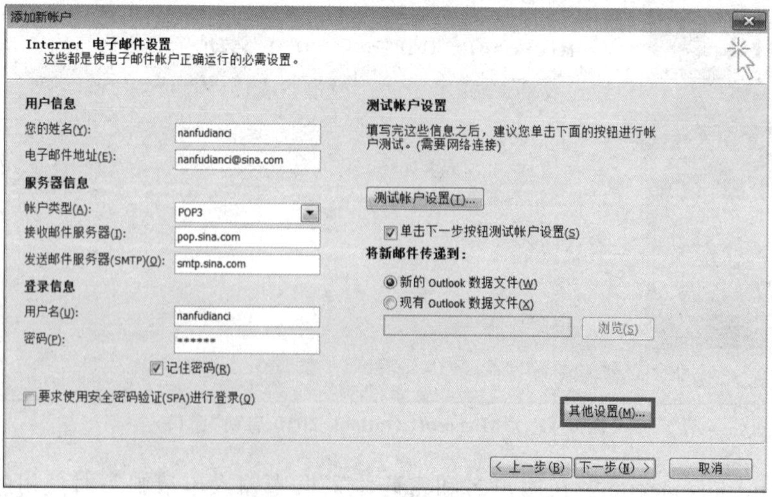

图 8-44 账户信息设置窗口

（6）单击"其他设置"按钮，在弹出的 Internet 电子邮件设置窗口中单击"发送服务器"选项卡，选中我的发送服务器（SMTP）要求验证，并选中使用与接收邮件服务器相同的设置，如图8-45 所示。

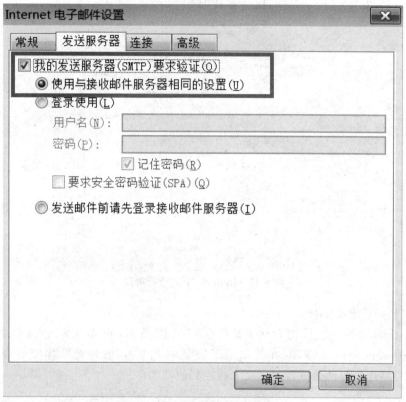

图 8-45　Internet 电子邮件设置窗口

（7）单击"确定"关闭窗口，返回到添加新账户窗口，单击"下一步"，系统开始测试，如果配置成功会显示成功信息，如图 8-46 所示。

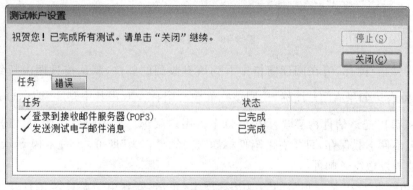

图 8-46　"测试账户设置"窗口

（8）单击"关闭"，在弹出的祝贺您窗口中单击"完成"结束电子邮件账号设置。

2. 收发邮件

配置好 Outlook 2010 账户信息后,就可以用它来收发电子邮件了。双击 Outlook 2010 图标,进入 Outlook 2010 运行主界面,如图 8-47 所示。

图 8-47　Outlook 2010 运行窗口

(1)接收和阅读电子邮件。

单击 Outlook 2010 运行窗口的"发送/接收"选项卡,单击"发送/接收组",选中仅"nanfudianci@sina.com"菜单项,在弹出的下级菜单中单击"收件箱",如图 8-48 所示,此时 Outlook 2010 将连接邮件服务器并自动下载找到的新邮件。

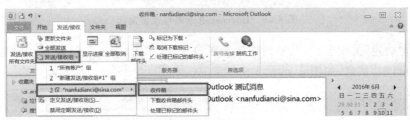

图 8-48　接收邮件

单击"收件箱"图标,可在阅读窗格中看到所有收到的邮件,默认按日期由新到旧排列信件。邮件名称右边如果有"🔗"图标,说明该邮件包含附件。双击其中某一邮件,Outlook 2010会打开邮件窗口,把该信件内容显示在窗口中供用户阅读。单击附件标题,可以打开附件阅读,如果想把附件下载保存,只要右击附件标题,选择"另存为"即可,如图 8-49 所示。

(2)新建与发送电子邮件。

单击 Outlook 2010 运行窗口的"开始"选项卡,单击"新建电子邮件",将打开新邮件编辑窗口,如图 8-50 所示。在"收件人"输入框输入收信人的 E-mail 地址,如"sali@jmu.edu.cn",如果确认收信人的 E-mail 地址事先已经存入通讯簿,也可以单击"收件人"按钮,打开通讯簿选择收信人。如果需要把信件同时发送给多个用户,在"抄送"输入框依次输入这些用户的E-mail地址,注意使用西文分号分隔这些地址。在"主题"输入框输入信件的主题,如"会议通知"。在信件正文编辑窗口内输入信件正文。如果信件还需要包含附件,可单击"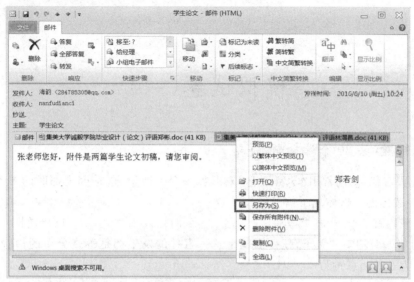附加文件"

按钮,选择一个或多个文件作为附件随信件一起发送。完成上述各步后,单击"发送"按钮,就会把信件发送出去,发送完成后 Outlook 2010 自动返回到主界面。

图 8-49 保存附件

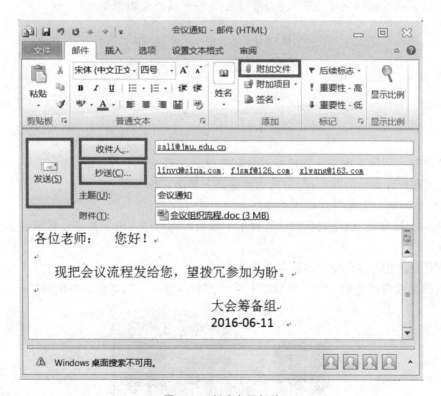

图 8-50 新建电子邮件

《大学信息技术基础》模拟试卷

模拟试卷（一）

一、单项选择题（共 30 个选择题，每题 2 分，共 60 分）

1. 在我国古代，人们常用"学富五车"来形容一个人博学，这是因为那时的书是以笨重的竹简、木简为载体的。这体现了信息的（　　）

　　A.载体依附性　　　　　　B.共享性　　　　　　　C.时效性　　　　　　　D.传递性

2. 同时扔一对均匀的骰子，任一面朝上这一事件的发生都是等概分布的，则两骰子面朝上点数之和为 2 的信息量为（　　）。

　　A.$\log_2 2$　　　　　　　B.$\log_2 6$　　　　　　　C.$\log_2 18$　　　　　　D.$\log_2 36$

3. 根据下列逻辑门电路的输入值，可判断 Q 输出端的逻辑值是（　　）。

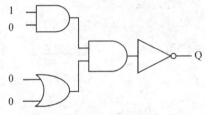

　　A.0　　　　　　　　　B.1　　　　　　　　　　C.10　　　　　　　　　D.00

4. 美籍匈牙利数学家冯·诺依曼对计算机科学发展所做出的贡献是（　　）。

　　A.提出理想计算机的数学模型，成为计算机科学的理论基础

　　B.是世界上第一个编写计算机程序的人

　　C.提出"存储程序，顺序控制"思想，确定了现代存储程序式电子数字计算机的基本结构和工作原理

　　D.采用集成电路作为计算机的主要功能部件

5. 下图是微型计算机 CPU 的结构图，它由控制器、（　　）、寄存器等构成。

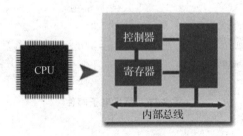

　　A.逻辑器　　　　　　　B.存储器　　　　　　　C.加法器　　　　　　　D.运算器

6. 下面输入输出设备中,采用 CCD(电荷耦合器件)的设备是( )。

A.鼠标 B.触摸屏 C.数码相机 D.显示器

7. 关于"软件定义"时代的主要特征,不正确的描述是( )。

A.以"软件定义"为特征的个性化

B.以"软件定义"为特征的服务化

C.以"软件定义"为特征的融合化

D.以"软件定义"为特征的智能化

8. 下列关于计算机语言的说法中,正确的有( )。

A.高级语言比汇编语言更高级,是因为它的程序运行效率更高

B.Python 等高级语言比汇编语言更加抽象

C.高级语言比低级语言更容易编程与理解

D.高级语言不能编译成机器代码

9. 操作系统的虚拟存储技术可以使用比实际物理内存大得多的存储容量,这样的虚拟存储容量是利用( )的存储空间实现的。

A.CPU B.高速缓存 C.硬盘 D.内存

10. 一个声源每秒钟可产生成百上千个声波,每秒钟波峰所发生的数目称为信号的( )。

A.幅度 B.频率 C.量化点 D.采样点

11. 某图像像素颜色由一个 m 位的二进制数表示,该数的每一位可从 0、1 两个数字中任取一个,则每个像素包含的信息量是( )。

A.$-\log_2 \frac{1}{m}$ B.$-\log_2 m$ C.m D.$1/m$

12. 图像( )就是将二维空间上连续的图像用许多等距的水平线与竖直线分隔成网状的过程。网状中的每个小方形区域称为像素点。这样一幅图像画面就被表示成 $M \times N$ 个离散像素点构成的集合。

A.采样 B.编码 C.量化 D.压缩

13. 下面关于数据压缩的概念中,错误的是( )。

A.从信息论的角度来看,压缩就是去掉信息中的冗余,即保留不确定的信息,去除确定的信息(可推知的)

B.根据解码后数据与原始数据是否完全一致,数据压缩可以分为两大类:有损压缩和无损压缩

C.图像信息之所以能进行压缩,是因为图像本身通常存在很大的冗余量

D.在有损压缩中,解压缩后重构的数据是对原始对象的完整复制

14. 在数据科学家的工具箱中,模块 Matplotlib 的作用是( )。

A.数据分析 B.机器学习 C.图形绘制 D.科学计算

15. 获得一个数据库管理系统所支持的数据模型的过程,是一个从现实世界的事物出发,经过人们的抽象,以获得人们所需要的模型的过程。信息在这一过程中经历了三个不同的世界,即现实世界、( )和数据世界。

A.客观世界 B.机器世界 C.概念世界 D.关系世界

16. 在下图中,如果数据库应用系统要访问数据库,应借助于( )的支持(请为图中"?"处选择正确信息)。

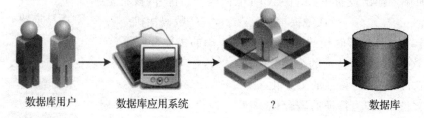

数据库用户　　　数据库应用系统　　　　?　　　　　　数据库

A.数据库文件系统　　　　　　　　　　　B.数据库操作系统

C.数据库管理系统　　　　　　　　　　　D.数据库查询系统

17. 有如下三个关系模式：

学生(学号,姓名,专业)

课程(课号,课程名,学分)

成绩(学号,课号,成绩)

则在成绩关系中的外键是（　　　）。

A.学号,课号,成绩　　　　　　　　　　　B.学号,课号

C.课号,成绩　　　　　　　　　　　　　　D.学号,成绩

18. 问题虽然有简单和复杂或具体和抽象之分,但每个问题都包含三个基本成分,即（　　　）。

A.起始状态、目标状态、障碍

B.起始状态、中间过程、目标状态

C.起始状态、目标状态、答案

D.问题的明确性、问题的非结构性、问题的答案

19. 二分法查找(也称为折半法)是（　　　）思想的实际应用,是一种在有序数据中查找特定元素的搜索算法。

A.演绎法　　　　　B.归纳法　　　　　C.分治法　　　　　D.递归法

20. 采用列换位加密方法,将明文 YOUPYTHON 以 3×3 矩阵的形式表示,列取出顺序为 213,变换后的密文为（　　　）。

1	2	3
Y	O	U
P	Y	T
H	O	N

A.YPHOYOUTN　　　B.OYOYPHUTN　　　C.UTNOYOYPH　　　D.YPHUTNOY

21. 1876 年由（　　　）发明的电话使得人们长距离通信成为可能,从而开启了近代通信的历史。

A.爱迪生　　　　　B.麦克斯韦　　　　　C.贝尔　　　　　D.莫尔斯

22. 根据香农的有噪信道编码定理,如果信息传输率 R 大于信道容量 $C(R>C)$,那么通信系统进行无差错传输在理论上（　　　）。

A.是可行的　　　　B.是不可能的　　　　C.无法计算的　　　　D.是正确的

23. Internet 上各种网络和各种不同类型的计算机相互通信的基础是（　　　）协议。

A.HTTP   B.TCP/IP   C.OSI   D.DNS

24. 国家"十三五"规划指出"要构建现代化通信骨干网络……推进宽带接入光纤化进程"。在以光纤作为传输介质的系统中,传输的信号形式是(   )。

A.电信号   B.磁信号   C.光信号   D.声波信号

25. 关于"互联网＋"的内涵,最恰当的表述是(   )。

A."互联网＋"就是"互联网＋IT 行业"

B."互联网＋"是让互联网与各个传统行业进行深度融合,创造经济社会发展新形态

C."互联网＋"是"互联网＋大数据"

D,"互联网＋"是"互联网＋人工智能"

26. 物联网的结构有 3 个层次,最底层的功能(   )。

A.是满足各种信息处理的应用层

B.是数据处理的数据层

C.是数据传输处理的网络层

D.是用来感知数据的感知层

27. 如果要处理 10 GB 以上的数据文件,一般的个人计算机内存不足以容纳这么大数据量。利用 Python(   )模块提供的分块处理功能,可以将大数据文件用不同分块大小来读取。

A.NumPy   B.pandas   C.SciPy   D.seaborn

28. 2019 年 3 月,国际计算机学会(ACM)公布了 2018 年图灵奖获得者,他们是在(   )领域做出杰出贡献的三位科学家。

A.5G   B.大数据分析

C.深度学习   D.信息安全

29. 卷积神经网络的层结构不包括(   )。

A.卷积层   B.传播层   C.全连接   D.池化层

30. 某卷积层输入数据是(4×4)矩阵,滤波器大小是(3×3),步长为1,输出矩阵是(2×2),根据输入矩阵的当前位置(阴影部分),输出矩阵中相应位置处卷积运算的值为(   )。(符号⊛表示卷积运算)

A.12   B.15   C.16   D.17

二、参考答案

1. A   2. D   3. B   4. C   5. D   6. C   7. A   8. C   9. C   10. B   11. C   12. A   13. D
14. C   15. C   16. C   17. B   18. A   19. C   20. B   21. C   22. B   23. B   24. C   25. B
26. D   27. B   28. C   29. B   30. D

三、答案选析

【题目 2 解析】选项 D 正确。

因为扔的是均匀的骰子，所以某一骰子扔得某一点数面朝上的概率是相等的，其概率为 1/6（骰子一共 6 面，即 6 个点数）。而同时扔一对均匀的骰子，这两骰子是彼此无关联、独立的，所以两骰子面朝上点数的状态共有 $6 \times 6 = 36$（种），其中任一状态的出现都是等概率分布的，出现概率为 1/36。

设"两骰子面朝上点数之和为 2"是事件 A。在这 36 种状态中，点数之和为 2 的只有 1 种（两骰子面朝上点数均为 1），可得事件 A 发生的概率为

$$P(A) = \frac{1}{36}$$

故得，从事件 A 获得的自信息量为

$$I(A) = -\log_2 P(A) = \log_2 36 \approx 5.17 \text{(bit)}$$

【题目 22 解析】选项 B 正确。

在信息论里，有噪信道编码定理指出，尽管噪声会干扰通信信道，但还是有可能在信息传输速率小于信道容量的前提下，以任意低的错误概率传送数据信息。

香农定理假设一个有噪声干扰的信道的信道容量为 C，信息以速率 R 传送，如果 $R \leqslant C$，那么就存在一种编码技术使接收端收到的错误达到任意小的数值。这意味着理论上有可能无错误地传送信息直到达到速率限制 C。

反过来同样重要。如果 $R > C$，那么想达到任意小的错误率是不可能实现的。因此，在传送速率超过信道容量的时候，可靠传输信息是不能被保证的。

【题目 30 解析】

因为卷积运算的步长为 1，根据当前卷积核移动位置（阴影部分），确定本次运算是在输出矩阵中(0,1)处填入卷积运算的结果（特征值）。

根据卷积运算性质，在卷积核移动的过程中，将输入矩阵的元素值和卷积核的对应权重相乘，最后将所有乘积相加，即得到一个输出：

$0 \times 2 + 2 \times 1 + 3 \times 0 + 1 \times 1 + 3 \times 2 + 2 \times 1 + 1 \times 0 + 0 \times 1 + 3 \times 2 = 2 + 1 + 6 + 2 + 6 = 17$。

模拟试卷（二）

一、单项选择题（共 30 个选择题，每题 2 分，共 60 分）

1. 下面对信息特征的理解，错误的是（　　）。
A.成语"明修栈道，暗度陈仓"说明信息具有真伪性
B.天气预报、情报等引出信息的时效性
C.信息不会随着时间的推移而变化，信息具有永恒性
D."一传十，十传百"引出信息的传递性

2. 如果你在不知道今天是星期几的情况下问你的同学"明天是星期几?"，则以下答案中含有的信息量是（　　）。（假设已知星期一至星期天的排序）
A.$\log_2 1$　　　　　　B.$\log_2 4$　　　　　　C.$\log_2 6$　　　　　　D.$\log_2 7$

3. "二进制"数的概念是由（　　）首次提出的。
A.莱布尼茨　　　B.香农　　　　C.帕斯卡　　　　D.图灵

4. 英国科学家乔治·布尔（George Boole）发明了（　　）。
A.图灵机　　　　B.ENIAC 计算机　C.逻辑代数　　　　D.帕斯卡计算机

5. 下列叙述中不正确的是（　　）。
A.计算思维是指人要像计算机那样去思维
B.简单地说，计算就是符号串变换的过程
C.图灵机是一种抽象的计算模型，而不是指具体的物理机器
D.世界上第一台现代电子计算机是 ENIAC

6. 下列关于软件的叙述中，错误的是（　　）。
A.软件是计算机系统不可缺少的组成部分，它包括各种程序、数据和有关文档资料
B.Windows 操作系统中的画图、计算器、游戏等是 Windows 的组成部分，它们都属于系统软件
C.微型计算机除了使用 Windows 操作系统，也可以使用其他操作系统
D.高级语言编译器是一种支持软件，它需要操作系统的支持

7. 在操作系统中，当一个中断（或事件）发生时，CPU 的反应是（　　）。
A.CPU 继续正在执行当前的程序，把中断事件交给外部设备处理
B.CPU 继续正在执行当前的程序，待程序结束后再处理中断事件
C.CPU 继续正在执行当前的程序，可以不理会中断事件的发生
D.CPU 暂停正在执行的程序，自动转去处理中断事件

8. 量子计算机就是实现量子计算的机器，与传统计算机的一个本质区别是，量子计算用来存储数据的对象是（　　）。
A.逻辑 1 状态　　B.逻辑 0 状态　　C.量子二进制　　D.量子比特

9. 按照国际电信联盟（ITU）对"媒体"的定义，下列属于传输媒体的是（　　）。
A.视频　　　　　B.硬盘　　　　C.光纤　　　　D.显示器

10. 数字视频信息的数据量相当大，必须对数字视频信息进行压缩编码才适合于存储和

传输。下面关于数字视频压缩编码的叙述中,不正确的是(　　　)。

A.MPEG 是一种数字视频压缩编码标准

B.JPEG 是一种数字视频压缩编码标准

C.DVD 上存储的视频信息采用的是 MPEG-2 压缩编码标准

D.数字视频文件一般都是有损压缩文件

11. 图像数字化的过程可分为(　　　)三个步骤。

A.采样、量化、编码　　　　　　　　　B.采样、量化、压缩

C.采样、编码、解码　　　　　　　　　D.采样、编码、调制

12. 在虚拟现实技术中,为了使用户可以触摸到一个虚拟的杯子,并产生接触感觉,所需要的感觉反馈设备是(　　　)。

A.数据头盔　　　　B.Google 眼镜　　　　C.智能手表　　　　D.数据手套

13. 显示器上约有 $x \times y$ 个像素点,每个像素点有 2^n 个灰度等级,且等概率出现,屏幕每个画面可提供的平均信息量为(　　　)。

A.$x \times y$　　　　B.$(x \times y)/n$　　　　C.$x \times y \times n$　　　　D.$x \times y \times 2^n$

14. 实体间的联系可用图形(集合)表示。对下图的正确描述应是(　　　)。

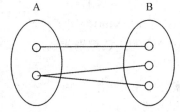

A.A 的一个值,B 有且仅有一个值与之对应

B.A 的一个值,B 有多个值与之对应

C.B 有一个值或没有值与实体 A 相对应

D.A 的一个值有 B 的多个值与之对应,B 的一个值只对应 A 的一个值

15. 问题解决的过程大致可以划分为若干个阶段,其中首先要做的是(　　　)。

A.总结评价　　　　B.分析问题　　　　C.提出假设　　　　D.发现问题

16. 有 A、B 两个装满水的杯子和一个空杯 C,假设 A、B、C 三个杯的容量是相等的,现要求将 A、B 两个杯中的水互换,下面算法中正确的是(　　　)。(B←A 表示将 A 中的水倒入 B 中,其他类似)

A.B←A,A←B,C←A　　　　　　　　　B.B←A,C←B,A←C

C.C←A,A←B,B←C　　　　　　　　　D.B←A,C←B,A←C

17. 不完全归纳法只依靠所枚举的事例的数量,一旦遇到一个反例,结论就会被(　　　)。

A.证明　　　　B.推翻　　　　C.肯定　　　　D.消除

18. 对于通信系统模型,以下叙述中错误的是(　　　)。

A.信源(发送方)的作用是把消息转换成要发送的信号

B.信宿(接收方)是将经过编码的信号转换成相应的消息

C.信道是指信号传输的通道,提供了信源与信宿之间的媒介联系

D.通常传输介质只能传送数字信号

19. 衡量网络数据传输速率的单位是 bit/s,其含义是(　　　)。

A.信号每秒传输多少千米　　　　B.信号每秒传输多少千千米

C.每秒传送多少个二进制单位　　D.每秒传送多少个数据

20. 已知某个有扰通信系统可用频带最高频率为 $H(Hz)$，最低频率为 $L(Hz)$，并且已知 $\log_2\left(1+\dfrac{S}{N}\right)=m$，则该信道的容量为（　　　）。

A.$L\times m$　　　　B.$H\times m$　　　　C.$(H-L)\times m$　　　D.$H-L$

21. 将多台计算机组成以太局域网时，需要一些连接设备和传输介质。下面所列网络设备中（　　）是不需要用到的。

A.调制解调器　　B.有线介质　　　C.网卡　　　　D.交换机

22. 在有线宽带接入中，传输速率最快的接入方式是（　　）。

A.ADSL　　　　B.以太网　　　C.铜缆　　　　D.光纤

23.《国务院关于印发新一代人工智能发展规划的通知》指出，制定了分三步走的战略目标，规划到（　　　）年，我国的人工智能理论、技术与应用总体达到世界领先水平。

A.2020　　　　B.2025　　　C.2030　　　　D.2040

24. 信息安全的基本属性不包括（　　　）。

A.保密性　　　B.完整性　　　C.可控性　　　D.可否认性

25. 获得 2008 年度诺贝尔物理学奖的著名华裔科学家（　　　）最先提出了光纤通信的设想，并制造出世界上第一根光导纤维，因此被冠以"光纤之父"的称号。美国耶鲁大学校长在评价他时说："你的发明改变了世界通信模式，为信息高速公路奠下基石。"

A.高锟　　　　B.姚期智　　　C.朱棣文　　　D.李政道

26. 对于云计算，资源需要在（　　　）两个方面具有灵活性。

A.时间和空间　　B.存储和计算　　C.软件和硬件　　D.系统和应用

27. 近代密码学理论的奠基人是（　　　）。

A.图灵　　　　B.香农　　　C.维纳　　　　D.凯撒

28. 设某班学生在一次考试中获优、良、中、及格和不及格的人数相等。教师告诉甲同学"你没有不及格"，甲因此获得了（　　　）比特信息。

A.0.32　　　　B.0.64　　　C.0.85　　　　D.0.18

29. 在机器学习中，输出某个训练集张量的形状为：

(1000,200,300)

则这个训练集张量的维度为（　　　）。

A.3　　　　　B.200　　　　C.300　　　　D.1000

30. 某卷积层输入数据是（4×4）矩阵，滤波器大小是（3×3），步长为 1，输出 2×2 矩阵，根据输入矩阵的当前位置（阴影部分），在输出矩阵中的相应位置卷积运算的值为（　　　）。（符号 ✱ 表示卷积运算）

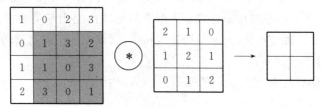

A.9   B.7   C.15   D.11

二、参考答案

1. C   2. D   3. A   4. C   5. A   6. B   7. D   8. D   9. C   10. B   11. A   12. D   13. C
14. D   15. D   16. C   17. B   18. D   19. C   20. C   21. A   22. D   23. C   24. D   25. A
26. A   27. B   28. A   29. A   30. D

三、答案选析

【题目2解析】选项D正确。

因为假设是已知星期一至星期日的排序,而且也知一星期只有七天,故在不知道今天是星期几的情况下,问明天是星期几的答案,只可能是星期一至星期日七天之一。

设事件 A 表示不知道今天是星期几的情况下,问明天是星期几的答案。可得:

事件 A 的概率 $P(A) = \dfrac{1}{7}$

则从事件 A 中获得的信息量 $I(A) = -\log_2 P(A) = \log_2 7 \text{(bit)}$

【题目13解析】选项C正确。

将一幅静止图像看作一个具有随机输出的信源,那么一幅图像的平均信息量就是图像的信息熵。它定义了单个信源符号输出时所获得的平均信息量。熵达到最大的情况出现在信源各符号的出现概率相等时,而信源此时提供最大可能的信源符号平均信息量。

在本题中,由于每个像素可能出现的某种灰度等级的概率为 $1/2^n$,因此图像包含的灰度信息量为 $\log_2 2^n = n$。所以,每个画面可提供的平均信息量为 $x \times y \times n$。

【题目18解析】选项D正确。

从理论上讲,大多数传输介质和它所传输的信号类型是不相关的。传输介质就像一条普通公路一样,上面既可以跑汽车,也可以跑自行车,与路上跑的车辆类型无关。例如,同轴电缆既可以传输模拟信号,也可以传输数字信号。

但是很多传输介质及材料由于有某些特定用途,因此有些则固定了它的信号类型。以光纤为例,模拟信号和数字信号都可以传输,但由于光纤的特性,在通信系统中主要用于传输数字信号(传输的是光脉冲,对于连续变化的光信号,通信系统是无法识别的),就像高速公路一样,只限于跑汽车。

【题目20解析】选项C正确。

带宽应为通频带最高频率减去最低频率,对于本题即 $H - L$。

【题目21解析】选项A正确。

信源发出的没有经过调制的原始电信号的固有频带(频率带宽),称为基本频带,简称基带。由于在近距离范围内基带信号的衰减不大,从而信号内容不会发生变化,因此在传输距离较近时,计算机网络都采用基带传输方式。大多数的局域网使用基带传输,如以太网、令牌环网。组网时交换机设备通过网线、网卡与计算机相连,所以无须用调制解调器。

【题目28解析】选项A正确。

根据题意,"没有不及格"或"pass"的概率为:

$$P_{\text{pass}} = 1 - \frac{1}{5} = \frac{4}{5}$$

因此,当教师告诉甲"你没有不及格"时,甲获得信息量为:

$$I_{(pass)} = -\log_2 P_{(pass)} = -\log_2 \frac{4}{5} \approx 0.32(bit)$$

【题目 30 解析】

因为卷积运算的步长为 1,根据当前卷积核移动位置(阴影部分),确定本次运算是在输出矩阵中(1,1)处填入卷积运算的结果(特征值)。

根据卷积运算性质,在卷积核移动的过程中,将输入矩阵的元素值和卷积核的对应权重相乘,最后将所有乘积相加,即得到一个输出:

$1×2+3×1+2×0+1×1+0×2+3×1+3×0+0×1+1×2=2+3+1+3+2=11$。

模拟试卷（三）

一、单项选择题（共 30 个选择题，每题 2 分，共 60 分）

1.（　　）首先提出"信息"这一概念。他指出消息是代码、符号，而不是信息内容本身，使信息与消息区分开来。

A.哈特莱　　　　　　B.香农　　　　　　　C.维纳　　　　　　D.朗格

2. 信息熵是事件发生不确定性的度量，当熵的值越大时，说明事件发生的不确定性（　　）。

A.越大　　　　　　　B.越小　　　　　　　C.不变　　　　　　D.不能确定

3. 晶体管的导通和截止、电容器的充电和放电、开关的启闭以及电位的高低等，这些器件的状态都适合采用（　　）表示。

A.二进制　　　　　　B.八进制　　　　　　C.十进制　　　　　　D.十六进制

4. 下列关于人工智能的描述中，比较合适的描述是（　　）。

A.人工智能说到底就是人的智能

B.人工智能是机器的意识和思维的信息过程

C.人工智能是人的意识和思维的信息过程

D.人工智能是对人的意识和思维的信息过程的模拟

5. 按照目前的科学研究，下列介质中保存信息时间最长的是（　　）。

A.闪存　　　　　　　B.硬盘　　　　　　　C.光盘　　　　　　D.DNA

6. 计算机的软件系统通常分为（　　）。

A.管理软件与控制软件　　　　　　　　B.系统软件与应用软件

C.军用软件与民用软件　　　　　　　　D.高级软件与一般软件

7. 计算机系统提供多级存储结构，操作系统（　　）进行管理。

A.只对主存储器　　　　　　　　　　　B.只对硬盘和光盘存储系统

C.只对 CPU 寄存器　　　　　　　　　　D.可对不同存储类型

8. 处理器的类型不包括（　　）。

A.多核心处理器　　　　　　　　　　　B.硬件处理器

C.移动处理器　　　　　　　　　　　　D.数字信号处理器

9. 1 GB 表示的内存容量大小为（　　）字节（byte）。

A.2^{10}　　　　　　　B.2^{20}　　　　　　　C.2^{30}　　　　　　　D.2^{40}

10. 在以下的叙述中，错误的是（　　）。

A.声音的频率体现音调的高低

B.声音的幅度体现声音的强弱

C.音频的采样是将模拟量在幅度上进行分割

D.模拟信号数字化的步骤为：采样、量化和编码

11. 彩色图像在印刷或打印时，采用的是（　　）颜色模型。

A.CMYK　　　　　　　B.RGB　　　　　　　C.YUV　　　　　　　D.JPEG

12. 如果一幅数字图像能够表示的颜色数量为 65 536 种，则图像的颜色深度是（　　）。

A.2   B.4   C.8   D.16

13.（   ）技术是指将文字信息转化为标准流畅的语音朗读出来。

A.语音分词   B.语音识别   C.语音合成   D.语音分析

14. 在学生成绩管理中,某成绩表中已存放了学生的数学、语文和英语三科成绩,另外还设计用总分字段存放三科成绩,而总分数据实际上可以由其他三科成绩经计算得出,则总分就可以看作（   ）数据。

A.冗余性   B.完整性   C.关系型   D.约束性

15. 在数据科学中,（   ）是指发现并纠正数据文件中可识别的错误,包括检查数据一致性、处理无效值和缺失值等。

A.数据挖掘   B.数据分析   C.数据清洗   D.数据采集

16. 造成下面三段论推理错误的原因是（   ）。

　　所有的鸟都会飞

　　鸵鸟是鸟

　　所以鸵鸟会飞

A.大前提   B.小前提   C.结论   D.都不是

17.（   ）是指使用想象力去进行的实验,所做的都是在现实中无法做到(或现实中未做到)的实验。

A.科学实验   B.思想实验   C.计算实验   D.思维实验

18. 在常用的问题解决方法中,一一列举出问题所有可能的解,并逐一检验每个可能解,采纳问题的真正解,抛弃非真正解的方法,我们称之为（   ）。

A.算法   B.解析算法   C.归纳法   D.枚举法

19. 在以下叙述中,错误的是（   ）。

A.算法就是求解问题的方法和步骤

B.一个算法可以没有输出

C.算法必须在有限步内完成

D.算法可以用流程图来描述

20. 计算机视觉是人工智能的重要分支,下列选项中,与计算机视觉密切相关的应用场景是（   ）。

A.无人驾驶   B.语音识别   C.三维动画   D.计算机游戏

21. 在计算机应用领域,术语 AR 和 MR 分别表示（   ）。

A.增强现实和混合现实   B.仿真现实和增强现实

C.虚拟现实和混合现实   D.虚拟现实和强化现实

22. 关于模拟通信系统与数字通信系统,以下描述中错误的是（   ）。

A.通信可分为数字通信和模拟通信

B.数字通信系统易于进行加密处理

C.数字通信系统在有噪声情况下,通信更为可靠

D.数字通信系统可采用信道纠错编码技术降低误码率

23. 在一个二元数字传输无噪声通信系统中,带宽为 B 赫兹的信道能承载的最大数据传输速率是（   ）。

A.$B/2$ B.B C.$2B$ D.$B\log_2$

24. 某学校准备建立校园网,向 Internet 管理机构申请了 5 个 C 类 IP 地址,那么在理论上这个学校最多能够连入 Internet 的主机数目是(   )。

A.150　　　　　B.600　　　　　C.1280　　　　　D.2560

25. 不属于无线宽带接入技术的(   )。

A.ADSL　　　　B.Wi-Fi　　　　C.卫星接入　　　　D.蓝牙

26. 大数据的 4V 特征不包括(   )。

A.Volume(大量)　　　　　　　　B.Velocity(高速)

C.Variance(变化)　　　　　　　D.Value(价值)

27. 机器学习中使用的算法可分为(   )三类。

A.监督学习、无监督学习和强化学习

B.监督学习、无监督学习和智能学习

C.监督学习、控制学习和智能学习

D.智能学习、深度学习和强化学习

28(   )是第一个战胜围棋世界冠军的人工智能机器人,其主要工作原理是深度学习,它能够搜集大量围棋对弈数据和名人棋谱,学习并模仿人类下棋。

A.Watson　　　　B.AlphaGo　　　　C.Deep Blue　　　　D.微软小冰

29. 有红、黄、蓝、白珠子各 10 粒,装在一个袋子里,为了保证摸出的珠子有两粒颜色相同,应至少摸出(   )粒。

A.3　　　　　B.4　　　　　C.5　　　　　D.6

30. 来自英、法、日、德的甲、乙、丙、丁四位客人刚好碰在一起。他们除懂本国语言外,每人还会说其他三国语言中的一种。有一种语言是三个人都会说的,但没有一种语言人人都懂,现知道:

①甲是日本人,丁不会说日语,但他俩都能自由交谈

②四个人中,没有一个人既能用日语交谈,又能用法语交谈

③乙、丙、丁交谈时,找不到共同语言沟通

④乙不会说英语,但当甲与丙交谈时,他都能做翻译

根据以上描述,甲、乙、丙、丁四位能够说的语言分别是(   )。

A.甲日德、乙法德、丙英法、丁英德

B.甲日法、乙日德、丙英法、丁日英

C.甲日法、乙法德、丙英德、丁英法

D.甲日法、乙英德、丙法德、丁日德

二、参考答案

1. A　2. A　3. A　4. D　5. D　6. B　7. D　8. B　9. C　10. C　11. A　12. D　13. B
14. A　15. C　16. A　17. B　18. D　19. B　20. A　21. A　22. C　23. C　24. C　25. D
26. C　27. A　28. B　29. C　30. A

三、答案选析

【题目 12 解析】选项 D 正确。

图像量化时所确定的离散取值的个数称为量化等级(quantization level),它实际表示的是

图像所具有的颜色总数或灰度值。为得到量化等级所需的二进制位数称为量化字长（也称颜色深度），如用 8 位、16 位、24 位来表示。这样，图像可表示的量化等级（颜色数或灰度值）就为 2 的幂次方，即 2^8、2^{16}、2^{24} 种颜色。

由于 $2^{16} = 65536$，因此该图像的颜色深度为 16。

【题目 24 解析】选项 C 正确。

一般标准的 C 类 IP 地址包含 256 个主机号。

【题目 29 解析】选项 C 正确。

这是一道典型的抽屉原理问题。解决此类问题，有一个总体原则，就是始终考虑"最坏"的情况。对于本题，"最坏"的情况就是每种颜色的珠子恰好各摸出一粒，没有任何两粒的颜色相同。这时只要再摸出一粒，不管是何种颜色，都能保证有两粒颜色相同的珠子了。任何抽屉原理问题实际上都遵循这样一个大的原则。

【题目 30 解析】选项 A 正确。

此题可直接用观察选项法得出正确答案，根据第二条规则，日语和法语不能同时由一个人说，所以 B、C、D 都错误，只有 A 正确，再将 A 代入题干中验证，可知符合条件。

列出以下表格更有助于问题的分析。

人	语言			
	英语	法语	日语	德语
甲	×	×	√	√
乙	×	√	×	√
丙	√	√	×	×
丁	√	×	×	√

模拟试卷（四）

一、单项选择题（共 30 个选择题，每题 2 分，共 60 分）

1.《三国演义》中有"蒋干盗书"的故事：在赤壁之战时，蒋干从周瑜处偷走了事前伪造好的蔡瑁、张允的投降书，交给曹操，结果曹操将二人斩首示众，致使曹操失去了仅有的水军将领，最后落得"火烧三军"的下场。这个故事说明信息具有（　　　）。

A.共享性　　　　　　B.时效性　　　　　　C.真伪性　　　　　　D.价值性

2. 掷一个骰子，任一面朝上这一事件的发生都是等概分布的，任一面朝上这一事件所获得的自信息量是（　　　）。

A.1/6　　　　　　　B.2/6　　　　　　　C.$-\log_2(1/6)$　　　D.$-\log_2(2/6)$

3. 关于中文信息处理，以下正确的叙述是（　　　）。

A.中文信息在计算机内采用 ASCII 码表示

B.中文信息在计算机内采用双字节表示

C.中文信息的输入码与在计算机内采用的编码是一致的

D.BIG5 码是一种简体汉字的编码方案

4. 在下面各世界顶级的奖项中，为计算机科学与技术领域做出杰出贡献的科学家设立的奖项是（　　　）。

A.沃尔夫奖　　　　　B.诺贝尔奖　　　　　C.菲尔兹奖　　　　　D.图灵奖

5. 下面说法中最接近正确概念的描述是（　　　）。

A.多任务、多进程的程序设计专用于多核心或多个 CPU 架构的计算机系统

B.在操作系统的管理下，一个完整的程序在运行过程中可以被部分存放在内存中

C.智能手机的运行不需要操作系统

D.为了方便上层应用程序的开发，操作系统都是免费开源的

6. 计算机系统通常是指（　　　）两部分。

A.硬件系统和软件系统　　　　　　　B.操作系统和输入输出设备

C.硬件系统和各种应用程序　　　　　　D.计算机和 Windows 软件

7. 下图所示的是操作系统文件的逻辑组织结构，它是一种（　　　）结构。

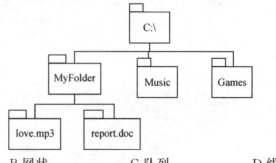

A.层次　　　　　　　B.网状　　　　　　　C.队列　　　　　　　D.线性

8."十三五"规划指出了我国软件业发展的方向和重点，新时期软件技术的发展将呈现网

络化、服务化、融合化和（　　　）的特征。

　　A.集成化　　　　　　　B.数字化　　　　　　C.信息化　　　　　　D.智能化

　　9. 在多媒体计算机系统的层次结构中，最上层是多媒体的（　　　）层，为用户提供多媒体交互功能。

　　A.硬件系统　　　　　　　　　　　　B.创作工具及软件

　　C.应用程序接口　　　　　　　　　　D.应用系统

　　10. 人耳能识别的声音频率范围在（　　　），通常称为音频（audio）信号。

　　A.20 Hz～20 kHz　　　　　　　　　B.20 kHz～30 kHz

　　C.30 kHz～40 kHz　　　　　　　　　D.10 kHz～20 kHz

　　11. 下面关于数字图像的叙述中，不正确的是（　　　）。

　　A.图像的大小与图像的分辨率成正比

　　B.图像的颜色必须采用 RGB 三基色模型进行描述

　　C.数码相机中的照片文件一般是 JPEG 图像文件，它使用了有损压缩算法

　　D.图像像素的二进制位数目决定了图像中可能出现的不同颜色的最大数目

　　12. 一幅图像的分辨率为 100×100，每个像素有 256 种灰度，且等概率出现，则这幅图像包含的信息量是（　　　）字节。

　　A.100　　　　　　　B.1000　　　　　　　C.10 000　　　　　　D.100 000

　　13. 某工厂生产若干产品，每种产品由不同的零件组成，有的零件可以用在不同的产品上，则正确的 E-R 图是（　　　）。

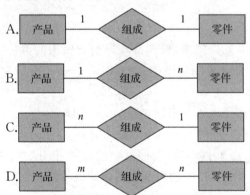

　　14. 在一个关系中，能唯一标识实体的属性集称为（　　　）。

　　A.值域　　　　　　　B.联系　　　　　　　C.主键　　　　　　　D.外键

　　15. 参加走迷宫游戏，一般策略是首先选择一条路线，沿着这条路线逐步前行，若走出迷宫，则试探成功（问题获解）；若走入死胡同，就逐步回退，换别的路线再进行试探。这种方法采用的是（　　　）。

　　A.归纳法　　　　　　B.回溯法　　　　　　C.列举法　　　　　　D.递归法

　　16. 下列程序流程图表示的是（　　　）控制结构。

　　A.顺序　　　　　　　B.选择　　　　　　　C.循环　　　　　　　D.条件

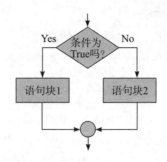

17. 程序设计的基本过程一般包括问题描述、（　　）、代码编制、调试运行等步骤。

A.算法设计　　　　　B.问题分析　　　　　C.流程图绘制　　　　　D.程序设计

18. 在下面的描述中，你认为不恰当的表述是（　　）。

A.学习计算机编程的本质是在学习一种思维方式

B.计算机编程的即时反馈性可以让人立即看到程序运行的效果，充满着挑战性和乐趣

C.学习程序设计可以提高学生的逻辑推理、批判性思维和动手解决问题的能力

D.学习编程只是计算机专业学生要做的事情

19. （　　）在物理学中的最大贡献是建立了统一的经典电磁场理论和光的电磁理论，预言了电磁波的存在。

A.赫兹　　　　　B.贝尔　　　　　C.麦克斯韦　　　　　D.莫尔斯

20. 在一个采用八进制脉冲的通信系统中，每个脉冲所含的信息量是二进制脉冲的（　　）倍。

A.1　　　　　B.2　　　　　C.3　　　　　D.4

21. 在实际上网应用中，因为ISP（因特网服务提供商）提供的线路带宽使用的单位是比特，如果ISP提供的是1 Mbit/s宽带，换算成下载速度相当于（　　）kB/s。

A.125　　　　　B.128　　　　　C.256　　　　　D.300

22. 由伯纳斯-李命名的World Wide Web就是人所共知的WWW，中文译为（　　）。

A.互联网　　　　　B.因特网　　　　　C.广域网　　　　　D.万维网

23. 我国政府发布的《国务院关于积极推进"互联网＋"行动的指导意见》中指出："互联网＋"是把互联网的创新成果与（　　）深度融合，形成更广泛的以互联网为基础设施和创新要素的经济社会发展新形态。

A.社会经济　　　　　B.现代工业　　　　　C.现代农业　　　　　D.经济社会各领域

24. 云计算作为一种新型的信息技术服务资源，可以分为基础架构即服务、（　　）和软件即服务这三种服务类型

A.硬件即服务　　　　　B.平台即服务　　　　　C.服务平台　　　　　D.系统即平台

25. 已知一个堆栈中包含4个元素，而且知道它们在堆栈中的位置依次是a、b、c、d（从栈底开始往上数），现在让这个堆栈进行连续出栈操作，直到堆栈空，则这些元素的出栈顺序是（　　）。

A.dcba　　　　　B.abcd　　　　　C.abdc　　　　　D.cdab

26. 20世纪70年代中期，密码学界发生了两件跨时代的大事，为密码学开辟了广泛的应用前景。其中一个标志性事件是迪菲和赫尔曼提出的（　　）。

A.对称加密系统　　　　　　　　　B.数据加密标准

C.公钥密码系统   D.私钥密码系统

27. 有一种数学运算符号⊙,使下列等式成立:$2\odot4=12,5\odot3=18,9\odot7=70$,那么 $6\odot4=$（　　）。

A.20   B.30   C.24   D.28

28. 在深度学习网络中,通过（　　）运算来过滤图像的各个小区域,从而得到这些小区域的特征值,以使原信号特征增强,并且降低噪声。

A.卷积   B.池化   C.全连接   D 张量

29. 对于深度学习模型,基本都是采用（　　）算法来进行优化训练的,该方法可以求解模型的极小值。

A.正向传播   B.卷积   C.梯度下降   D.感知机

30. 机器学习中,感知机模型可以形式化地定义如下:

$$f(x)=\begin{cases}0, & w_1x_1+w_2x_2\leqslant\theta\\1, & w_1x_1+w_2x_2>\theta\end{cases}$$

设 $\theta=8,x_1=2,x_2=3,w_1=1,w_2=2$,则函数计算结果为（　　）。

A.0   B.4   C.6   D.8

二、参考答案

1.C   2.C   3.B   4.D   5.B   6.A   7.A   8.D   9.D   10.A   11.B   12.C   13.D
14.C   15.B   16.B   17.A   18.D   19.C   20.C   21.A   22.D   23.D   24.B   25.A
26.C   27.D   28.A   29.C   30.A

三、答案选析

【题目 2 解析】选项 C 正确。

骰子每面朝上这一事件发生的概率（或可能性）为 1/6,故自信息量为 $-\log_2(1/6)$。

【题目 5 解析】选项 B 正确。

多任务系统可以是单个 CPU 构架的,普通的计算机都是多任务的。

【题目 11 解析】选项 B 正确。

彩色模型指彩色图像所使用的颜色描述方法。常用的颜色模型有 RGB、CMYK、YUV 等。不同的彩色模型有不同的用途。

【题目 12 解析】选项 C 正确。

每个像素有 256 种灰度,每个像素含有的信息量为 $-\log_2\left(\dfrac{1}{256}\right)$ bit。

图像由 100×100 个像素组成,且像素间是独立的,因此图像含有的信息量为:

$$H(X)=100\times100\times\log_2 256\ \text{bit}=10\ 000\times8\ \text{bit}=10\ 000\ \text{B}$$

【题目 13 解析】选项 D 正确。

产品与零件两个实体间的关系是多对多的关系,即一个产品由多个零件组成,或一个零件可以组装在多个产品上。

【题目 20 解析】选项 C 正确。

二进制脉冲中,共可以表示 2 种不同信息。假设 2 种不同信息等概率分布,则每个二进制脉冲的信息量为:

$$I = -\log_2 P(x) = -\log_2 1/2 = 1(\text{bit})$$

在八进制脉冲中，共可以表示 8 种不同信息。假设 8 种不同信息等概率分布，则每个八进制脉冲含有的信息量为：

$$I = -\log_2 P(x) = -\log_2 1/8 = 3\ \text{bit}$$

由上可知，八进制脉冲所含的信息量是二进制脉冲的 3 倍。

【题目 21 解析】选项 A 正确。

$$1\ \text{Mbit/s} = 1000\ \text{kbit/s} = 1000/8\ \text{kB/s} = 125\ \text{kB/s}$$

【题目 25 解析】选项 A 正确。

栈是按照"先进后出"（first in last out，FILO）或"后进先出"（last in first out，LIFO）的原则组织数据的，因此栈也被称为先进后出表或后进先出表。

【题目 27 解析】选项 D 正确。

运算符号"⊙"在这里表示的是两者的积，再加上后面的数。这种定义新运算的问题，就是根据已给的条件，运用观察、归纳或推理等方法，发现新符号表示的意义，然后通过加减乘除运算来解决。6⊙4＝28。

此题主要目的是考查学生的观察能力，重点是要发现新符号表示的意义。

【第 29 题解析】选项 C 正确。

梯度下降法的计算过程就是沿梯度下降的方向求解极小值（也可以沿梯度上升方向求解极大值）。

附　录

附录1　各章思考与练习参考答案(部分)

第1章"计算题"参考答案

1.【参考题解】字母 e 出现的概率为 0.105,由自信息量计算公式,可知其信息量为:

$$I = \log_2 \frac{1}{p} = -\log_2 p = -\log_2 0.105 = 3.25 (\text{bit})$$

字母 x 出现的概率为 0.002,由自信息量计算公式,可知其信息量为:

$$I = \log_2 \frac{1}{p} = -\log_2 p = -\log_2 0.002 = 8.97 (\text{bit})$$

2.【参考题解】根据题意,该信源的信源空间为:

$$\begin{pmatrix} X \\ P \end{pmatrix} = \begin{pmatrix} A & B & C \\ 18/36 & 12/36 & 6/36 \end{pmatrix}$$

事件 A、B、C 发生时得到的信息量分别为:

$$I(A) = -\log_2 P(A) = -\log_2 (18/36) = 1 (\text{bit})$$
$$I(B) = -\log_2 P(B) = -\log_2 (12/36) = 1.585 (\text{bit})$$
$$I(C) = -\log_2 P(C) = -\log_2 (6/36) = 2.585 (\text{bit})$$

3.【参考题解】"取出阻值为 $i(0 \leqslant i \leqslant n)$ 的电阻"的概率是 $p_i = \dfrac{i}{n(n+1)/2}$,则

$$I = -\log_2 p_i = \log_2 \frac{n(n+1)}{2i}$$

4.【参考题解】同时扔一对均匀的骰子,可能呈现的状态有 36 种,各面呈现的概率为 1/6,所以 36 种中任何一种状态出现的概率都相等,为 1/36。

(1)设"两骰子面朝上点数之和为 2"为事件 A。在 36 种可能状态中,事件 A 只有一种情况,即两骰子面朝上点数均为 1,则有:

$$P(A) = 1/36$$
$$I(A) = -\log_2 P(A) = \log_2 36 \approx 5.17 (\text{bit})$$

(2)设"两骰子面朝上点数之和为 8"为事件 B。在 36 种可能状态中,事件 B 有 5 种情况,即两骰子面朝上点数分别为 5、3,或 3、5 或 2、6,或 6、2,或 4、4,则有:

$$P(B) = 5/36$$
$$I(B) = -\log_2 P(B) = \log_2 \frac{36}{5} \approx 2.85 (\text{bit})$$

(3)设"两骰子面朝上点数是 3 和 4"为事件 C。在 36 种可能状态中,事件 C 有两种情况,即两骰子面朝上点数分别为 3、4 或 4、3,则有:

$$P(C)=2/36$$
$$I(C)=-\log_2 P(C)=\log_2 18\approx 4.17\text{(bit)}$$

5.【参考题解】符号"0"出现的概率为 p，符号"1"出现的概率为 $1-p$。

由信息熵公式有：$H=-p\log_2 p-(1-p)\log_2(1-p)$

7.【参考答案】2.23 bit

8.【参考题解】利用平均信息量公式有：

$$H(X)=-\left(\frac{3}{8}\times\log_2\frac{3}{8}+\frac{1}{4}\times 2\times\log_2\frac{1}{4}+\frac{1}{8}\times\log_2\frac{1}{8}\right)\approx 1.906\text{(bit)}$$

信息源共输出 57 个符号，则信源的信息量为：

$$H'(X)=nH(X)=57\times 1.906=111\text{(bit)}$$

9.【参考题解】由于 $H(甲)>H(乙)$，因此实验甲的不确定性比实验乙要大得多。熵就是描写不确定性大小的量，熵越大，不确定性就越大。

10.【参考题解】设 A、B 分别代表甲、乙两箱的离散随机事件，则：

$$H(A)=H(0.5,0.2,0.3)=-0.5\times\log_2 0.5-0.2\times\log_2 0.2-0.3\times\log_2 0.3$$
$$=1.486\text{(bit)}$$

$$H(B)=H(0.9,0.1)=-0.9\times\log_2 0.9-0.1\times\log_2 0.1=0.469\text{(bit)}$$

所以，从甲箱中取球的结果随机性更大。

第 2 章"计算题"参考答案

1.【参考答案】2^{32}

2.【参考答案】16 MB

3.【参考答案】$10\times 2^{20}/2=5\times 2^{20}$（个）

4.【参考题解】$(CBFFF-A4000)+1=28000H$ 字节，转换成十进制是 163 840 字节。

5.【参考答案】4 MB

第 4 章"计算题"参考答案

1.【参考答案】40 kHz

2.【参考答案】65 536

3.【参考答案】10 MB

4.【参考答案】504 MB

5.【参考答案】$(1)640\times 480\times 24/8=921.6\times 10^5\text{(B)}=900\text{(KB)}$

$(2)900\times 30\times 60=1582.0\text{(MB)}$

$(3)(650\times 1024)/(900\times 30)=24.7\text{(s)}$

6.【参考题解】由于亮度电平等概率出现，因此图像的灰度信息熵为：

$$H(X_1)=-\sum_{i=1}^{10}p_i\log_2 p_i=\log_2 10=3.322\text{(bit/像素)}$$

图像的二维信息熵是：

$$H(X_2)=图像总像素值\times H(X_1)=5\times 10^5\times H(X_1)=5\times 10^5\times 3.322=1.661\times 10^6\text{(bit)}$$

*7.【参考题解】因为灰度有 8 个等级，$2^3=8$，即每个灰度级需采用 3 位二元符号来传输。

这幅图像空间离散后共有 $N=80$ 个像素，每个像素的灰度需用 3 个二元符号来编码，所以这幅图像采用二元等长码后共需 240 个二元码号来描述。

所传输的信道是无损信道，其每秒传输 100 个二元符号，因此，需 2.4 s 才能传送完这幅图像。

第6章"练习与实践"参考答案

1.【分析】

这道题要求的是走10阶楼梯,我们不可能一上来就研究10阶怎么走,毕竟答案的数据集很大,所以先从前几阶入手分析:

阶数	1	2	3	4	5	6	7	8	9	10
方法数	1	2	3	5	8					

通过前5项数字,我们容易观察到从第3项开始,每一项都等于前两项之和。按照这个规律,我们就能得出答案:

阶数	1	2	3	4	5	6	7	8	9	10
方法数	1	2	3	5	8	13	21	34	55	89

3.【分析】用表格呈现出题目的已知条件,再排除所有的不可能,从而分析出正确的答案。

姓名	足球	摄影	电脑
A	×	√	×
B	×	×	√
C	√	×	×

4.【分析】

大前提	小前提	结论
所有金属都能导电	铜是金属	铜能导电
太阳系的行星以椭圆轨道绕太阳运行	金星是太阳系的行星	金星以椭圆轨道绕太阳运行
奇数都不能被2整除	2015是奇数	2015不能被2整除

*5.【分析】该题每组图中黑格数量一样,属于位置类中的黑白格移动平面问题。第一组图形中,三个黑色方块分别为:一个从上向下运动,一个从右到左运动,一个不动;第二组图形中每行从上到下分别为:第一个方块向下移动,第二个方块不动,第三个方块向左移动,所以选择D选项。

*6.【分析】我们把每次剩余的骨牌都列出来,从中寻找规律。第一次剩余2,4,6,8,10,…,50,都是2的倍数;第二次剩余4,8,12,…,48,都是4的倍数;第三次剩余8,16,32,…,48,都是8的倍数。依此类推:第四次剩余16的倍数,第五次剩余32的倍数,第六次剩余64的倍数,此时只剩下64。

第7章"计算题"参考答案

1.【参考答案】30 dB

2.【参考答案】2.99 kbit/s

3.【参考题解】

$$B = 3200 - 300 = 2900 (\text{Hz})$$

$$10 \lg \frac{S}{N} = 25 \text{ dB} \rightarrow \frac{S}{N} = 10^{\frac{25}{10}} = 316.2$$

$$R = C = B \log_2 \left(1 + \frac{S}{N}\right) = 24\ 097 (\text{bit/s})$$

*4.【参考题解】

(1)$C = W \log_2(1 + S/N) = 1\ \text{MHz} \times \log_2(1 + 10) = 3.46 (\text{Mbit/s})$

(2)$C_2 = W_2 \log_2(1 + S/N) = W_2 \times \log_2(1 + 5) = 3.46 (\text{Mbit/s})$

所以，$W_2 = \dfrac{3.46}{\log_2 6} = 1.338 (\text{MHz})$

(3)$C_3 = W_3 \log_2(1 + S/N) = 3.46 (\text{Mbit/s})$

$\log_2(1 + S/N) = \dfrac{3.46}{0.5}$，所以 $S/N = 120$

*5.【参考题解】理论上的最大传输速率为：

$C = B \log_2(1 + S/N) = 3 \times 10^3 \times \log_2(1 + 3) = 6 \times 10^3 (\text{bit/s})$

当信噪比为 15 时，可得：

$B = C / \log_2(1 + S/N) = 6 \times 10^3 / \log_2(1 + 15) = 1.5 (\text{kHz})$

6.【参考答案】A 主机的 IP 为 C 类地址，B 主机的 IP 为 B 类地址。

7.【参考答案】网络号：192.168.0.0   主机号：23.35

8.【参考题解】网络号：192.168.23.0   主机号：35

*9.【参考题解】子网掩码是用来判断任意两台计算机的 IP 地址是否属于同一子网络的根据。将两台计算机各自的 IP 地址与子网掩码进行 AND 运算后，如果得出的结果相同，则说明这两台计算机是处于同一个子网络上的，可以进行直接的通信。

(1)将 A 主机 IP 地址转化为二进制进行运算：

IP 地址：11000000.10101000.00000000.00000011

子网掩码：11111111.11111111.11111111.00000000

AND 运算：11000000.10101000.00000000.00000000

转化为十进制后为：192.168.0.0

(2)将 B 主机 IP 地址转化为二进制进行运算：

IP 地址：11000000.10101000.00000000.11111110

子网掩码：11111111.11111111.11111111.00000000

AND 运算：11000000.10101000.00000000.00000000

转化为十进制后为：192.168.0.0

两台计算机各自的 IP 地址与子网掩码进行 AND 运算后结果相同，所以两台计算机处于同一个子网络上，它们之间可以直接通信。

第 9 章"计算与练习"参考答案

1.【参考题解】

105 mod 81＝24

81 mod 105＝81

26 mod 26＝0

2.【参考答案】PHHW PH DIWHO WKH SDUWB

*3.【参考题解】

据题意知，$e=5$，$n=35$，$C=10$，又 $\varphi(n)=\varphi(35)=\varphi(5)\varphi(7)=4\times6=24$，$d=e^{-1}\bmod \varphi(n)=5^{-1}\bmod 24=5$，故

$M=C^d \bmod n=10^5 \bmod 35=5$

*4.【参考题解】

加密：$n=pq=7\times17=119$

$C=m^e \bmod n=19^5 \bmod 119=66$

解密：$\varphi(n)=\varphi(119)=\varphi(7)\varphi(17)=6\times16=96$

$d=e^{-1}\bmod \varphi(n)=5^{-1}\bmod 96=77$

所以，$m=C^d \bmod n=66^{77}\bmod 119=19$

签名：$y=m^d \bmod n=19^{77}\bmod 119=66$

验证：$x=y^e \bmod n=66^5 \bmod 119=19=m$，该签名是真实的。

第 10 章"计算题"参考答案

1.【参考题解】已知 $w_1=3$，$w_2=1$，$x_1=2$，$x_2=3$，则：

$x_1 w_1+x_2 w_2=2\times3+3\times1=9$

所以 $f(x)=0$。

2.【参考答案】

15	16
6	15

3.【参考答案】

15	17	

4.【参考答案】

6	8
3	4

附录2　福建省高等院校学生计算机应用水平等级考试（大学信息技术）考试大纲

Ⅰ．考试目的

　　福建省高等学校计算机应用水平考试是由福建省教育厅举办的大学生计算机能力测试的水平考试。它的指导思想是加强对各高校计算机教学的宏观指导、评价及引导，以利于大学计算机课程教学质量的提高，有利于大学生计算机应用知识与能力的培养。考试对象为各高校在校学生。

　　"大学信息技术基础"考试内容注重于信息技术与计算机技术的基本原理、基本方法和实际应用，考核学生使用计算机获取信息、加工信息、传播信息和利用信息的能力，为后续的程序设计课程与专业课程奠定基础。同时还要考核学生使用 Windows 操作系统和 Office 办公软件的基本操作技能与应用能力。

Ⅱ．考试内容

第一部分　"大学信息技术基础"理论考试大纲

一、信息与信息技术

1. 信息的定义与度量

(1)信息的概念与定义

(2)信息的主要特征

(3)信息的度量

　　掌握自信息量与信息熵的度量公式，并会运用公式进行计算。

(4)理解数据、消息、信号与信息的区别

2. 信息科学与信息技术

(1)信息科学的定义及理解

(2)信息技术的定义及理解

(3)信息技术对人类信息器官的扩展对应关系

(4)信息技术的核心技术(四基元及主要支撑技术——微电子技术)

3. 计算机中的信息表示

(1)二进制的概念与表示

(2)信息的编码(ASCII 码和中文信息编码)

(3)数基的概念

　　十进制、二进制、十六进制的表示(相互转换不要求)。

(4)理解基本逻辑运算规则与符号(与、或、非、异或)

二、计算与计算机系统

1. 计算与计算科学

(1)理解计算的一般定义

(2)图灵测试与人工智能

2. 计算机发展史

(1)计算机发展史上的重大事件与人物

(2)冯·诺依曼型计算机的基本结构

(3)现代计算机发展的四个阶段(按采用的基本器件划分)

(4)超级计算与量子计算

3. 微型计算机系统

(1)微型计算机系统的基本组成

(2)微处理器的概念及组成,多核处理器

(3)智能设备中的其他处理器(移动处理器、数字信号处理器)

(4)主存储器的概述及其分类

(5)存储器容量的标识

4. 外部存储系统

(1)外部存储系统的基本概念

(2)磁存储系统

(3)光盘存储系统

5. 输入输出系统

(1)输入设备

　　了解数码相机、摄像机、扫描仪、触摸屏等设备的简单工作原理。

(2)输出设备

　　了解显示系统、打印机等设备的简单工作原理。

(3)计算机与外部设备的接口及标准(串口、并口及 USB 接口)

三、计算机软件系统

1. 软件的基本概念

(1)计算机软件的定义及性质

(2)软件技术的发展史及重要事件

(3)软件系统的分层结构及分类(系统软件、支持软件与应用软件)

(4)"软件定义"的概念

(5)"软件定义"时代的主要特征

2. 操作系统的任务与功能

(1)处理器管理

(2)存储管理

(3)设备管理与驱动程序

(4)文件管理

(5)安全机制

(6)人机接口管理

(7)操作系统的分类

3. 应用软件

四、媒体信息的智能处理

1. 媒体的概念

(1)媒体的分类与理解

(2)多媒体技术

2. 中文信息处理

(1)中文字符编码

(2)中文分词与分词工具

3. 音频信号处理

(1)模拟音频信号特征（频率、幅度、周期）

(2)模拟信号的数字化过程

(3)语音识别与语音合成技术

(4)常见数字音频的格式

4. 数字图像处理

(1)数字图像的表示

(2)黑白图像、灰度图像与彩色图像

(3)颜色模型（RGB 与 CMYK）

(4)图像的数字化过程

(5)图像信息压缩的概念与分类

5. 多媒体视频信息处理

(1)视频及其数字化

(2)计算机视觉

6. 计算机图形处理

7. 新一代人机交互技术

五、数据科学

1. 数据科学

(1)数据科学的概念与研究内容

(2)数据科学对数据的分析流程

(3)Python 的特点

(4)数据科学家的工具箱

2. 数据库系统的组成

(1)数据库、数据库管理系统、数据库应用系统、数据库用户的概念

(2)数据库系统的特点

3.E-R图及表示方法

(1)实体、属性、联系

(2)实体间的联系(三种类型)

4.关系模型

(1)关系模型的基本概念及性质

(2)关系、关系名、元组、属性、值域、主键、外键

(3)关系模型支持的三种基本运算(选择、投影、连接)

(4)实体完整性、参照完整性和用户定义完整性

5.了解数据科学案例

六、问题求解方法:算法与程序

1.问题解决的过程与方法

(1)问题与问题解决的概念

(2)问题解决的三个基本特征

(3)问题求解的方法

　　穷举法、归纳法、演绎法、递归法、分而治之法、回溯法、计算思维、思想实验。

(4)能够综合运用问题解决方法分析与求解简单问题

2.算法

(1)算法的基本概念

(2)算法的特性

(3)算法的表示

3.程序与程序设计语言

(1)程序的概念

(2)机器语言、汇编语言、高级语言的特点与适用范围

(3)高级语言处理

(4)解释方式与编译方式的基本概念

(5)结构化程序设计的三种基本结构

4.程序设计的一般过程

七、网络与通信技术

1.通信技术发展的重要历史事件

2.数据通信的基本原理

(1)通信系统模型

(2)数字通信系统中带宽的概念

(3)多路复用技术

(5)信息传输速率的概念与单位

(6)数字通信系统信道容量的概念与计算

　　•奈奎斯特定理的适用范围与计算(无噪声信道)。

· 香农定理的概念及其适用范围(计算公式不要求)。

(7)量子通信的基本概念

3. 计算机网络

(1)网络的基本组成(通信子网与资源子网)

(2)网络的分类(局域网、广域网)

(3)网络传输介质

　　常用有线和无线传输介质及其特点。

4. Internet 基础

(1)Internet 的基本概念

(2)理解 TCP/IP 协议的层次模型

(3)IP 地址与组成(网络地址与主机地址)

(4)域名系统的结构与表示

(5)万维网 WWW

(6)常用的网络互联设备(交换机与路由器)

5. Internet 的宽带接入方式

(1)有线宽带接入技术

　　光纤接入、铜缆接入、以太网接入。

(2)无线宽带接入技术

　　卫星接入、无线局域网(Wi-Fi)、蓝牙技术。

(3)了解无线移动通信技术的发展

八、互联网时代

1."互联网＋"的应用

(1)"互联网＋"行动计划

(2)"互联网＋"与智能制造

(3)从"互联网＋"到"智能＋"

(4)互联网＋教育(MOOC)

2. 物联网

(1)物联网的基本概念

(2)物联网的特征与层次

3. 云计算

(1)云计算的基本概念

(2)云计算的服务类型

4. 大数据的基本概念、大数据 4V 特征

(1)大数据的基本概念

(2)大数据 4V 特征

(3)大数据处理的流程

5. 了解大数据分析案例

九、网络空间与信息安全

1. 信息安全的基本内涵

(1)信息安全、网络安全、网络空间安全的概念

(2)信息安全的基本属性

(3)信息安全等级保护

2. 网络空间信息安全与国家安全

(1)总体国家安全观

(2)网络空间安全与国家安全的联系

3. 信息安全与数据加密

(1)通信系统与保密系统

(2)加密与加密系统

(3)古典加密技术(移位密码)

(4)对称密钥密码系统

(5)公开密钥密码系统(非对称密钥密码系统)

十、人工智能与机器学习

1. 人工智能发展的三个阶段

2. 人工智能、机器学习与深度学习的关系

3. 机器学习的一般流程

4. 深度学习的基本概念

感知机模型。

5. 神经网络的一些基本知识

(1)卷积神经网络与卷积运算

(2)正向传播算法与反向传播算法的计算图理解

(3)卷积神经网络的层结构

6. 了解深度学习神经网络案例

手写数字识别。

十一、扩展知识点

扩展知识点不限于教材内容,但要注意题目的难度、知识的时效性和常识性。

1. 扩展知识点 1

各知识点综合应用题

2. 扩展知识点 2

(1)信息技术的新概念、新知识、新应用

(2)信息技术最新发展的常识性内容

3. 扩展知识点 3

(1)问题解决与方法

(2)培养学生分析问题与解决问题的能力(且与信息技术相关的题目)

第二部分 "大学信息技术基础"实验考试大纲

一、Windows 7操作系统的基本操作和应用

1. "开始"菜单中的常用菜单项与任务栏
2. 桌面外观的设置
3. 基本的网络配置
4. 熟练掌握资源管理器的操作与应用
5. 掌握文件、磁盘、显示属性的查看、设置等操作
6. 中文输入法的安装、删除和选用
7. 掌握检索文件、查询程序的方法
8. "剪贴板"的作用，对象的复制、粘贴与嵌入

二、文字处理软件(Word)的基本操作

1. 文档的创建、打开、输入、保存等基本操作
2. 字体格式设置、段落格式设置、文档页面设置、文档背景设置和文档分栏等基本排版技术
3. 表格的创建、修改；表格的修饰；表格中数据的输入与编辑；数据的排序和计算
4. 图形和图片的插入；图形的建立和编辑；文本框、艺术字的使用和编辑
5. 文档格式的转换(word转pdf格式)，文档的保护和打印

三、电子表格软件(Excel)的基本操作

1. 工作表的创建、打开与关闭
2. 数据输入和编辑；工作表和单元格的选定、插入、删除、复制、移动
4. 工作表的重命名、移动、复制、删除
5. 工作表格式设置
6. 工作表中公式的输入和复制，常用函数的使用(SUM、AVERAGE、MAX、MIN)
7. 数据清单内容的排序、筛选和分类汇总
8. 图表的建立、编辑和修改以及修饰
9. 工作表的页面设置、打印预览和打印

四、PowerPoint的基本操作

1. 演示文稿的创建、打开、关闭和保存
2. 演示文稿视图的使用，幻灯片基本操作(版式、插入、移动、复制和删除)
3. 幻灯片基本制作(文本、图片、艺术字、形状、表格等的插入及其格式化)
4. 演示文稿主题选用与幻灯片背景设置
5. 演示文稿放映设计(动画设计、放映方式、切换效果)
6. 演示文稿的打包和打印

五、Internet 使用

1. 浏览器(IE)的使用
2. 搜索引擎与信息检索
3. 邮件系统的使用

Ⅲ. 考试说明

一、考试形式与环境

1. 采用无纸化方式,理论与实验考试全部在计算机上完成
2. 考试环境:Windows 7 简体中文版;Office 2010 简体中文版
3. 考试时间:90 分钟

二、试卷题型结构

1. 信息技术理论选择题(30 题,每题 2 分,共 60 分)　　60%
2. 实践操作题　　　　　　　　　　　　　　　　　　40%

福建省高等院校计算机等级考试

第十届考试委员会修订

2019 年 6 月修订

附录 3 预备知识——认识键盘与鼠标

1.1 认识键盘

键盘是计算机的基本组成部分，人们可以利用键盘向计算机输入程序、指令、数据等。对于初次接触计算机操作的同学而言，需要了解键盘的布局和基本的使用常识，有助于提高操作效率。本节包括键盘基本操作的入门介绍。

1. 键盘的布局

键盘上的键可以根据功能划分为几个区，如图 A-1 所示。

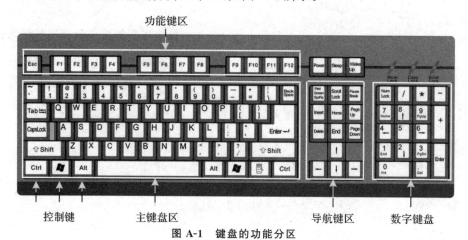

图 A-1 键盘的功能分区

（1）主键盘区

主键盘区的功能是输入数据、字符。本区包括英文字母、数字键、标点符号键和特殊符号键，还有一些专用键，这些键的排列大部分和普通的英文打字机相同。

（2）功能键区

功能键用于执行特定任务。功能键标记为 F1，F2，F3 等，一直到 F12。这些键的功能因程序而有所不同。

（3）导航键区

导航键用于在文档或网页中移动以及编辑文本。这些键包括箭头键、Home 键、End 键、Page Up 键、Page Down 键、Delete 键和 Insert 键。

（4）数字键盘

数字键盘便于快速输入数字。这些键位于一方形区域中，分组放置，有些像常规计算器或加法器。

（5）控制键

控制键可单独使用或者与其他键组合使用来执行某些操作。最常用的控制键是 Ctrl 键、Alt 键、Windows 徽标键和 Esc 键。

2. 编辑键的使用

编辑键的使用说明见表 A-1。

表 A-1　编辑键的使用说明

键名称	使用方法
Shift	同时按 Shift 与某个字母，将键入该字母的大写字母；同时按 Shift 与其他键，将键入在该键的上部分显示的符号
Caps Lock	按一次 Caps Lock，所有字母都将以大写键入，再按一次 Caps Lock 将关闭此功能。键盘上一般有一个指示 Caps Lock 是否处于打开状态的指示灯
Tab	按 Tab 会使光标向前移动几个空格，还可以按 Tab 移动到表单上的下一个文本框
Enter	按 Enter，将光标移动到下一行开始的位置。在对话框中按 Enter，将选择突出显示的按钮
空格键	按空格键会使光标向前移动一个空格
Backspace	按 Backspace 键一次，就会删除光标左边的一个字符，同时光标左移一格。常用此键删除错误的字符

3. 控制键及组合键的使用

控制键可单独使用或者与其他键组合使用来执行某些操作，见表 A-2。

表 A-2　控制键及组合键的使用说明

键名称	使用方法
Ctrl	该控制键一般不单独使用，总是和其他键组合使用。具体的功能由操作系统或应用软件来定义
Esc	是 Escape 的缩写，其功能由操作系统或应用程序定义。但在多数情况下均将 Esc 键定义为退出键，即在运行应用软件时，按此键一次，将返回到上一步状态
Alt	切换键，不能单独使用，需要和其他键组合使用。组合使用的功能由操作系统或应用软件来定义
Ctrl＋Alt＋Del	热启动键。当由于软件故障或操作失误引起系统死机时，可使用热启动键。操作方法是，用左手两指头分别按住 Ctrl 键和 Alt 键不放，右手一指再敲 Del 键，然后再把左右手同时放开即可
Windows 徽标键＋F1	显示 Windows"帮助和支持"

4. 快捷键的使用

快捷键是指通过某些特定的按键、按键顺序或按键组合来完成一个操作，很多快捷键往往与 Ctrl 键、Alt 键、Fn 键以及 Windows 平台下的 Windows 键等配合使用。利用快捷键可以代替鼠标做一些工作，如利用键盘快捷键打开、关闭和导航"开始"菜单、桌面、菜单、对话框以及网页，Word 里面也可以用到快捷键。表 A-3 列出部分最常用的键盘快捷方式。

表 A-3　部分最常用的键盘快捷方式

按键	功能
Windows 徽标键	打开"开始"菜单
Alt＋Tab	在打开的程序或窗口之间切换
Alt＋F4	关闭活动项目或者退出活动程序
Ctrl＋S	保存当前文件或文档（在大多数程序中有效）
Ctrl＋C	复制选择的项目
Ctrl＋X	剪切选择的项目
Ctrl＋V	粘贴选择的项目
Ctrl＋Z	撤销操作
Ctrl＋A	选择文档或窗口中的所有项目
F1	显示程序或 Windows 的帮助
应用程序键	在程序中打开与选择相关的命令的菜单，相当于右键单击选择的项目

5. 导航键的使用

使用导航键可以移动光标、在文档和网页中移动以及编辑文本。表 A-4 列出这些键的部分常用功能。

表 A-4　导航键的部分常用功能

按键	功能
←、→、↑、↓ 向左键、向右键、向上键、向下键	将光标或选择内容沿箭头方向移动一个空格或一行，或者沿箭头方向滚动网页
Home	将光标移动到行首，或者移动到网页顶端
End	将光标移动到行末，或者移动到网页底端
Ctrl＋Home	移动到文档的顶端
Ctrl＋End	移动到文档的底端
Page Up	将光标或页面向上移动一个屏幕
Page Down	将光标或页面向下移动一个屏幕
Delete	删除光标后面的字符或选择的文本；在 Windows 中，删除选择的项目，并将其移动到"回收站"
Insert	关闭或打开"插入"模式。当"插入"模式处于打开状态时，在光标处插入键入的文本；当"插入"模式处于关闭状态时，键入的文本将替换现有字符

6. 数字键盘的使用

数字键盘是为提高数字输入的速度而增设的，一般被编制成适合右手单独操作的布局。数字键盘排列数字 0 至 9、算术运算符"＋"（加）、"－"（减）、"＊"（乘）和"/"（除）以及在计算器或加法器上显示的小数点。Num Lock 键是数字输入和编辑控制状态之间的切换键。在它正上方的 Num Lock 指示灯就是指示所处的状态的，当指示灯亮时，表示副键盘区正处于数字输入状态，反之则正处于编辑控制状态。

7.3 个特殊的键

前面已经讨论了几乎所有可能要用到的键。这里将介绍键盘上 3 个最特殊的键：PrtScn、ScrLk 和 Pause/Break。

表 A-5　3 个特殊的键及功能

按　键	功　能
PrtScn(或 Print Screen)	按 PrtScn 将捕获整个屏幕的图像("屏幕快照")，并将其复制到计算机内存中的剪贴板，可以从剪贴板将其粘贴(Ctrl＋V)到 Microsoft 画图或其他程序中。按 Alt＋PrtScn 将只捕获活动窗口而不是整个屏幕的图像
ScrLk(或 Scroll Lock)	在大多数程序中按 ScrLk 都不起作用。在少数程序中，按 ScrLk 将更改箭头键、Page Up 和 Page Down 键的行为；按这些键将滚动文档，而不会更改光标或选择的位置。键盘可能有一个指示 ScrLk 是否处于打开状态的指示灯
Pause/Break	一般不使用该键。在一些旧程序中，按该键将暂停程序，或者同时按 Ctrl 停止程序运行

1.2　基本指法与键位

计算机键盘上字母键区的键位安排与英文打字机键盘上的键位基本相同，称为打字键区。输入时每个手指负责击打不同的键位。

我们把"A，S，D，F，J，K，L，；"8 个键称为基准键，如图 A-2 所示。基准键和空格键是 10 个手指不击键时的停留位置，通常将左手小指、无名指、中指、食指分别置于 A，S，D，F 键上，左手拇指自然向掌心弯曲；将右手食指、中指、无名指、小指分别置于 J，K，L，；键上，右手拇指轻置于空格键上。多数情况下手指由基准键出发分工击打各自键位。

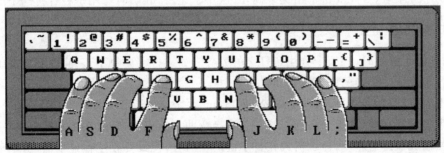

图 A-2　基准键指法

掌握了基本键及其指法，就可以进一步掌握打字键区的其他键位了。左手食指负责的键位有 4，5，R，T，F，G，V，B 8 个键，中指负责 3，E，D，C 4 个键，无名指负责 2，W，S，X 4 个键，小指负责 1，Q，A，Z 及其左边的所有键位。右手食指负责 6，7，Y，U，H，J，N，M 8 个键，中指负责 8,I,K,,4 个键,无名指负责 9,O,L,。4 个键,小指负责 0,P,;,/及其右边的所有键位,如图 A-3 所示。

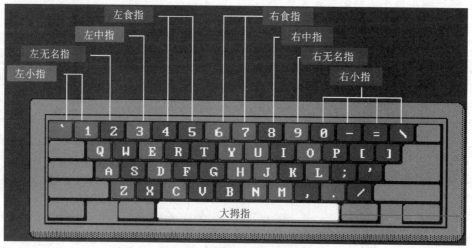

图 A-3　打字键区键位的分工

1.3　键盘打字与坐姿

1. 正确的击键指法

（1）平时各手指要放在基本键上。打字时,每个手指只负责相应的几个键,不可混淆。

（2）打字时,一手击键,另一手必须在基本键上处于预备状态。

（3）手腕平直,手指弯曲自然,击键只限于手指指关节,身体其他部分不得接触工作台或键盘,如图 A-4 所示。

（4）击键时,手抬起,只有要击键的手指才可伸出击键,不可压键或按键。击键之后手指要立刻回到基本键上,不可停留在已击的键上。

（5）击键速度要均匀,用力要轻,有节奏感,不可用力过猛。

（6）初学打字时,首先要讲求击键准确,其次再求速度,开始时可用每秒钟打一下的速度。

2. 正确的打字坐姿

在初学键盘操作时,必须十分注意打字的姿势。如果打字姿势不正确,就不能准确快速地输入,也容易疲劳。正确的姿势应做到：

（1）坐姿要端正,腰要挺直,肩部放松,两脚自然平放于地面。

（2）手腕平直,两肘微垂,轻轻贴于腋下,手指弯曲自然适度,轻放在基本键上。

（3）原稿放在键盘左侧,显示器放在打字键的正后方,视线要投注在显示器上,不可常看键盘,以免视线一往一返,增加眼睛的疲劳。

（4）座椅的高低应调至适应的位置,以便于手指击键。

图 A-5 给出了 ANSI(美国国家标准学会)推荐的适合一般终端用户操作计算机时的一些人机基本指标。

图 A-4　正确的击键指法

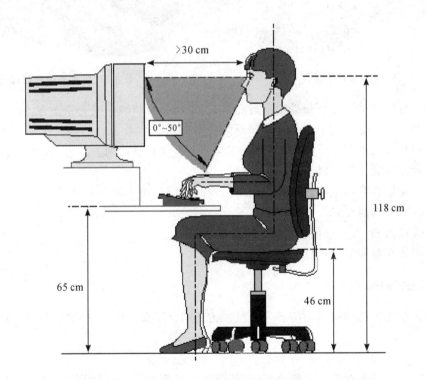

图 A-5　ANSI 推荐的适合一般人群的指导性标准(100-1988)

1.4　鼠标的操作

正像用手与物质世界中的对象进行交互一样,用户可以使用鼠标与计算机屏幕上的对象进行交互。例如,可以对对象进行移动、打开、更改、丢弃以及执行其他操作,这一切只需单击鼠标即可。

1. 鼠标的基本部件

鼠标一般有两个按钮:"主要按钮"(通常称左键)和"次要按钮"(右键),通常情况下将使用主要按钮。大多数鼠标在按钮之间还有一个"滚轮",帮助使用者自如地滚动文档和网页。有些鼠标上,按下滚轮可以用作第三个按钮,如图 A-6 所示。

2. 鼠标的使用

将鼠标置于键盘旁边干净、光滑的表面(比如鼠标垫)上,轻轻握住鼠标,食指放在主要按钮上而拇指放在侧面,如图 A-7 所示。在移动鼠标时,屏幕上的指针沿相同方向移动。如果移动鼠标时超出了书桌或鼠标垫的空间,则可以抬起鼠标并将其放回到合适的地方。

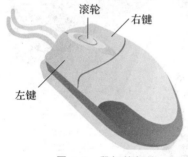

图 A-6　鼠标的部件

图 A-7　鼠标的持握方式

正确地握住并移动鼠标可帮助用户避免手腕、手指和胳膊酸痛或受到伤害,特别是长时间使用计算机时。下面是有助于避免这些问题的技巧:

①将鼠标放在与肘部水平的位置,上臂应自然下垂在身体两侧。

②不要紧捏或紧抓鼠标,轻轻地握住即可。

③绕肘转动胳臂移动鼠标,避免向上、向下或向侧面弯曲手腕。

④单击鼠标按钮时要轻。

⑤手指保持放松,不要悬停在按钮上方。

⑥不需要使用鼠标时,不要握住它。

3. 鼠标按钮的操作方式

大多数鼠标操作都将指向和按下一个鼠标按钮结合起来。使用鼠标按钮有如下几种基本方式。

(1)指向

指向屏幕上的某个对象表示移动鼠标,从而使指针看起来已接触到该对象。在指向某对象时,经常会出现一个描述该对象的小框。例如,在指向桌面上的回收站时,会出现包含下列信息的框,如图 A-8 所示。

指针可根据所指对象而改变。例如,在指向 Web 浏览器中的链接时,指针由箭头变为伸出一个手指的手形。

(2)单击

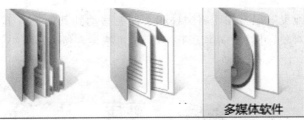

图 A-8 指向某个对象常常显示有关该对象的描述性消息

①单击鼠标左键。

若要单击某个对象,则指向屏幕上的对象,然后按下又释放左按钮。

大多数情况下使用单击来选择(标记)对象或打开菜单,这称为"一次单击"或"左键单击"。

②单击鼠标右键。

若要用右键单击某个对象,则将鼠标指向屏幕上的对象,然后按下又释放右按钮。

右键单击对象通常显示可对其进行的操作列表。例如,右键单击桌面上的回收站时,Windows 显示可以打开、清空、删除或查看其属性的菜单,如图 A-9 所示。如果不能确定如何操作时,则可以右键单击该对象。

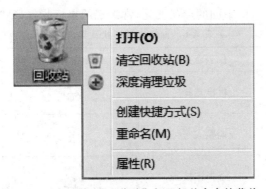

图 A-9 右键单击"回收站",打开相关命令的菜单

(3)双击

双击经常用于打开桌面上的对象。例如,通过双击桌面上的图标可以启动程序或打开文件夹。

若要双击对象,可以先指向屏幕上的对象,然后快速地单击两次。如果两次单击间隔时间过长,它们就可能被认为是两次独立的单击,而不是一次双击。

（4）拖动

拖动(有时称为"拖曳")通常用于将文件和文件夹移动到其他位置,以及在屏幕上移动窗口和图标。若要拖动对象,可以指向屏幕上的对象,再按住左按钮,将该对象移动到新位置,然后释放左按钮,如图 A-10 所示。

图 A-10　鼠标的拖动

（5）滚轮的使用

如果鼠标有滚轮,则可以用它来滚动文档和网页。若要向下滚动,请向后(朝向自己)滚动滚轮;若要向上滚动,请向前(远离自己)滚动滚轮。

（6）鼠标指针的标准形状

了解鼠标的操作方式后,还要认识鼠标指针的形状变化所代表的意义。鼠标指针会在不同的地方、不同的情况下产生不同的形状变化,常出现的鼠标指针形状见表 A-6。

表 A-6　鼠标指针形状及其含义

鼠标指针形状	代表意义	鼠标指针形状	代表意义
	标准选择		移动
	调整大小		选取文字
	选择连接		忙碌中